168道 美味菜色提案，一人食也能吃出儀式感！

日日便當
好食光

大西綾美／著

黃嫣容／譯

前言

謝謝你拿起本書翻閱。

託大家的福,前作《1小時做10道菜 超省時常備菜》(暫譯)大受好評,所以這次決定推出便當菜版本。

我從以前就很喜歡做便當。因為有為喜歡的人做過便當,後來在婚禮時還把便當的照片貼在歡迎入場的看板上裝飾。在托兒所上班時,也非常認真地為大家準備午餐便當。

現在仍然持續一個禮拜一次,為參加足球比賽的10歲兒子製作便當。我做便當時最重視的部分,就是要讓便當呈現豐富的色彩。

便當最重要的就是「色彩」。只要有褐色、紅色、黃色、綠色、白色,自然而然就會是營養均衡的便當。

尤其是孩子們,總是以打開便當蓋那瞬間所看到的模樣做出判斷。我致力於做出能讓孩子們不假思索地大喊:「哇～看起來好好吃!」的便當。

不過,如果要一大早起床從頭開始準備便當,我自己也做不到呢。而且還要做出繽紛的色彩。

我的座右銘就是不要花太多時間,做便當也一樣。所以先準備好常備菜,早上只要裝進便當盒就好。這樣就夠了。

如果利用我的超省時訣竅,1小時就可以準備好10道常備菜,而且任何人都能簡單完成。只要花1小時就能做出10道料理,這樣1個月只要抽空製作2～3次,就能完成整個月的便當菜。

如此一來,做便當就不再是一件讓人煩惱的事了。

當然,一次不做10道菜也沒問題。

如果參照本書中的食譜,回家後只要花15分鐘就能輕輕鬆鬆做出3道菜。請配合自己的需求活用看看。

對於每天忙碌且努力的你,希望本書可以成為你的好夥伴。

大西綾美

如果先做起來備用，
早上只要將料理
裝進便當盒即可。
製作過程輕鬆、
美味可口的便當就完成了。

這本書就是這麼方便！

從主菜到甜點，
備齊適合帶便當的 10道料理

可活用於製作明天的便當，
一次就能做好10道變化豐富的便當菜。

加熱就完成的主菜

加熱就完成的配菜

煮熟就完成的主菜

拌勻就完成的配菜

好幫手麵類

超簡單甜點

總之就是
又快又簡單

製作10道常備料理，
僅花費1小時就能完成。

1個月只要抽空
製作2～3次

只要在週末有空的時間一次做好10道料理，
早上就只要裝進便當盒即可。
在準備早餐或晚餐時也能派上用場。

回家後
花15分鐘
就能做出3道菜

因為都是短時間就能完成的料理，
所以回家後只要有15分鐘就能做好3道菜。

像這樣的豪華便當也是
做好常備菜，早上裝進便當盒即可！

{ 推薦！經典組合便當 }

炸蝦便當

雞肉便當

● 西式風味炸蝦（➡P62）
● 千層櫛瓜與茄子（➡P62）
● 金平風味紅蘿蔔（➡P58）

● 香煎多汁翅小腿（➡P77）
● 中式涼拌紅蘿蔔竹輪（➡P98）
● 山苦瓜炒蛋（➡P51）

豆腐餅便當

鮭魚便當

● 鬆軟豆腐餅（➡P69）
● 南洋風味醋漬蘆筍（➡P103）
● 魚肉香腸＆蟳味棒蘋果（➡P73）
● 高麗菜絲

● 蒸煮鮭魚高麗菜（➡P58）
● 咖哩海苔風味炸竹輪（➡P41）
● 水煮青花菜

事先做好放在冰箱備用即可。早上只要裝進便當盒裡，
就能快速變出美味的便當。請依喜好選擇菜色或便當組合。

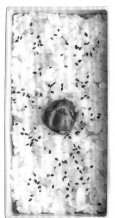
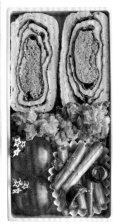

煎蛋捲便當

烤雞翅便當

- 明太子海苔高湯蛋捲（➜P88）
- 玉米天婦羅（➜P69）
- 尼斯風味四季豆沙拉（➜P100）
- 小番茄

- 辛香料烤雞翅（➜P37）
- 味噌鮪魚拌甜椒（➜P105）
- 芝麻炒地瓜（➜P38）

煎餅便當

嫩煎鮮蝦便當

- 碎黃豆毛豆煎餅（➜P90）
- 涼拌高麗菜櫻花蝦（➜P97）
- 牛奶水果寒天凍（➜P130）

- 蒜香奶油蝦（➜P86）
- 油醋拌紫甘藍（➜P97）
- 超簡單地瓜燒（➜P132）

{ 放上2道菜就完成的便當 }

牛排蓋飯便當

● 骰子牛排（➡P81）
● 中式涼拌紅蘿蔔竹輪（➡P98）

炸物蓋飯便當

● 酥炸白肉魚天婦羅（➡P60）
● 吮指回味炸薯條（➡P60）

海苔便當

● 味噌烤豬肉（➡P41）
● 咖哩海苔風味炸竹輪（➡P41）

乾咖哩便當

● 辛香料炒黃豆（➡P71）
● 蒜香青江菜與馬鈴薯（➡P71）

{ 飯、麵、麵包便當 }

燒賣便當

咖哩風味香料飯便當

- 自家特製燒賣（➡P51）
- 涼拌黃豆芽（➡P110）
- 風車小黃瓜（➡P74）
- 中式風味炊煮油飯（➡P122）

- 香腸咖哩風味香料飯（➡P123）
- 手工製小雞塊（➡P52）
- 青花菜花束（➡P74）

茄汁義大利麵便當

三明治便當

- 洋食店風味茄汁義大利麵（➡P126）
- 涼拌高麗菜櫻花蝦（➡P97）

- 鮭魚乳酪抹醬三明治（➡P128）
- 毛豆串（➡P74）
- 小番茄

CONTENTS

前言 2

這本書就是這麼方便！ 4

像這樣的豪華便當也是做好常備菜，早上裝進便當盒即可！ .. 6

從5大類料理中挑選10道菜 16

1小時就能做10道菜的超省時製作流程 18

試著在1小時內做10道菜看看吧！超推薦便當菜 10道美味料理組合 . 20

自由搭配組合！不論什麼場合都能享受便當 28

外觀既漂亮又美味！裝便當的方法 30

本書的使用方法 32

PART

1

\\ 交給微波爐或烤箱吧！ //

同時製作

加熱就完成的主菜 + 加熱就完成的配菜

雞肉

加熱就完成的主菜 蔬菜雞肉捲 + 加熱就完成的配菜 清炒竹輪與馬鈴薯青椒 35

加熱就完成的主菜 鮮嫩口水雞 + 加熱就完成的配菜 蠔油炒蕈菇 36

加熱就完成的主菜 辛香料烤雞翅 + 加熱就完成的配菜 奶油烤山藥 37

加熱就完成的主菜 韓式辣雞 + 加熱就完成的配菜 芝麻炒地瓜 38

加熱就完成的主菜 多汁炸雞 + 加熱就完成的配菜 起司焗烤綠豆芽 39

豬肉

加熱就完成的主菜 味噌烤豬肉 + **加熱就完成的配菜** 咖哩海苔風味炸竹輪 ……… 41

加熱就完成的主菜 薑燒豬肉 + **加熱就完成的配菜** 梅肉煮羊栖菜 ……… 42

加熱就完成的主菜 特製燉煮豬五花 + **加熱就完成的配菜** 咖哩風味韓式炒冬粉 ……… 43

加熱就完成的主菜 超快速回鍋肉 + **加熱就完成的配菜** 鹹甜風味炒手撕蒟蒻 ……… 44

加熱就完成的主菜 捲捲炸豬排 + **加熱就完成的配菜** 花朵火腿蛋 ……… 45

牛肉

加熱就完成的主菜 鹽味馬鈴薯燉肉 + **加熱就完成的配菜** 味噌煮茄子 ……… 47

加熱就完成的主菜 牛肉蔬菜起司包 + **加熱就完成的配菜** Q軟烤蓮藕 ……… 48

加熱就完成的主菜 牛蒡紅蘿蔔牛肉捲 + **加熱就完成的配菜** 西式風味炒豆腐 ……… 49

絞肉

加熱就完成的主菜 自家特製燒賣 + **加熱就完成的配菜** 山苦瓜炒蛋 ……… 51

加熱就完成的主菜 手工製小雞塊 + **加熱就完成的配菜** 焗烤山藥杯 ……… 52

加熱就完成的主菜 打拋雞肉炒蔬菜 + **加熱就完成的配菜** 香辣燉蔬菜 ……… 53

加熱就完成的主菜 萵苣肉捲 + **加熱就完成的配菜** 酸桔醋蒸油豆腐與豆苗 ……… 54

加熱就完成的主菜 青椒鑲肉 + **加熱就完成的配菜** 味噌美乃滋烤香菇 ……… 55

海鮮

加熱就完成的主菜 罐頭鯖魚咖哩 + **加熱就完成的配菜** 甜醋煮蕪菁 ……… 57

加熱就完成的主菜 蒸煮鮭魚高麗菜 + **加熱就完成的配菜** 金平風味紅蘿蔔 ……… 58

加熱就完成的主菜 山葵美乃滋烤鮭魚 + **加熱就完成的配菜** 香草麵包粉烤洋蔥 ……… 59

加熱就完成的主菜 酥炸白肉魚天婦羅 + **加熱就完成的配菜** 吮指回味炸薯條 ……… 60

加熱就完成的主菜 沙丁魚漢堡排 + **加熱就完成的配菜** 蒜香培根高麗菜 ……… 61

加熱就完成的主菜 西式風味炸蝦 + **加熱就完成的配菜** 千層櫛瓜與茄子 ……… 62

加熱就完成的主菜 西洋芹炒花枝 + **加熱就完成的配菜** 中式香辣南瓜 ……… 63

雞蛋

加熱就完成的主菜 香辣綠豆芽蒸蛋 + **加熱就完成的配菜** 味噌風味韓式炒冬粉 ……… 65

加熱就完成的主菜 吐司鹹派 + **加熱就完成的配菜** 辛香料烤根莖蔬菜 ……… 66

加熱就完成的主菜 雞蛋豆皮福袋 + **加熱就完成的配菜** 蠔油煮白蘿蔔薩摩炸魚板 ……… 67

黃豆製品

加熱就完成的主菜 鬆軟豆腐餅 + **加熱就完成的配菜** 玉米天婦羅 ……… 69

加熱就完成的主菜 中式油豆腐煮鴻喜菇 + **加熱就完成的配菜** 鰻魚炒蕪菁 ……… 70

加熱就完成的主菜 辛香料炒黃豆 + **加熱就完成的配菜** 蒜香青江菜與馬鈴薯 ……… 71

CONTENTS

PART
2

＼ 只用一個平底鍋就能快速做好 ／

煮熟就完成的主菜

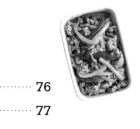

雞肉
甜辣雞肉／照燒美乃滋雞肉 ………………………… 76
香煎多汁翅小腿／韓式辣炒起司雞 ………………… 77

豬肉
甜椒炒肉絲／名古屋風味味噌豬排 ………………… 78
梅肉紫蘇豬肉捲／骰子糖醋豬肉 …………………… 79

牛肉
蠔油炒牛肉青江菜／甜鹹牛肉牛蒡捲 ……………… 80
骰子牛排／西式燉牛肉 ……………………………… 81

絞肉
燉煮漢堡排／雞肉磯邊捲 …………………………… 82

培根
櫛瓜培根捲／萵苣培根捲 …………………………… 83

海鮮
嫩煎咖哩鱈魚／酥炸竹筴魚 ………………………… 84
柳葉魚南蠻漬／青海苔風味炸章魚 ………………… 85
鮭魚馬鈴薯可樂餅／蒜香奶油蝦 …………………… 86
罐頭鯖魚炒蔬菜／照燒帆立貝柱 …………………… 87

雞蛋
明太子海苔高湯蛋捲／中式風味鬆軟炒蛋 ………… 88
雞蛋肉捲／超簡單平面歐姆蛋 ……………………… 89

黃豆製品
鬆軟豆腐雞肉丸子／碎黃豆毛豆煎餅 ……………… 90
油豆腐鑲肉／油豆腐披薩 …………………………… 91

PART
3

\ 加上特製淋醬或涼拌用調味料 /
拌勻就完成的配菜

高麗菜

柴魚美乃滋拌高麗菜／高麗菜吻仔魚酸桔醋沙拉 ……………… 96

涼拌高麗菜滑菇／油醋拌紫甘藍／涼拌高麗菜櫻花蝦 ……… 97

紅蘿蔔

涼拌蘿蔔絲火腿／中式涼拌紅蘿蔔竹輪 ………………………… 98

辛香料涼拌紅蘿蔔／酸桔醋山葵涼拌紅蘿蔔／涼拌紅蘿蔔鱈魚子 … 99

四季豆

南洋風味四季豆沙拉／尼斯風味四季豆沙拉 …………………… 100

鹽昆布拌四季豆／甜醋拌蛋絲四季豆／涼拌杏仁四季豆 …… 101

綠蘆筍

鰻魚蘆筍沙拉／梅肉柴魚拌蘆筍 ………………………………… 102

蘆筍蟳味棒沙拉／南洋風味醋漬蘆筍／金平風味綠蘆筍 …… 103

青椒 **甜椒**

榨菜涼拌青椒／金平風味青椒 …………………………………… 104

味噌鮪魚拌甜椒／醋漬雙色甜椒／辣味美乃滋甜椒沙拉 …… 105

菇菌類

日式風味醋漬蕈菇／蘑菇核桃沙拉 ……………………………… 106

味噌美乃滋拌菇菇／辛香料美乃滋拌舞菇鮪魚／梅肉紫蘇拌金針菇 … 107

綠色葉菜

韓式茼蒿沙拉／高湯浸煮水菜與豆皮 …………………………… 108

中式涼拌青江菜與吻仔魚／鰻魚菠菜沙拉／柚子胡椒拌小松菜 … 109

黃豆芽 **綠豆芽**

泰式涼拌綠豆芽／涼拌黃豆芽 …………………………………… 110

柴漬拌綠豆芽／柚子胡椒美乃滋拌綠豆芽／芥末黃豆芽沙拉 …111

CONTENTS

青花菜 **花椰菜**

柴魚奶油乳酪拌青花菜／青花菜蟳味棒沙拉 ……………… 112

榨菜拌青花菜／甜醋漬花椰菜／紅紫蘇拌花椰菜 ………… 113

牛蒡 **蓮藕**

鹽味鮪魚拌牛蒡／鹹甜風味涼拌牛蒡 …………………… 114

西式風味蓮藕沙拉／明太子拌蓮藕／韓式辣椒醬拌蓮藕 … 115

PART
4

＼ 只要有這個就能讓便當更充實！／

好幫手飯類、麵類、麵包＆
超簡單甜點

好幫手飯類

石鍋拌飯風味炊飯／中式風味炊煮油飯 …………………… 122

鮪魚玉米番茄飯／香腸咖哩風味香料飯 …………………… 123

鮭魚小松菜拌飯／醃漬芥菜吻仔魚拌飯 …………………… 124

口袋飯糰／鹹甜風味肉捲飯糰 ……………………………… 125

好幫手麵類

瓦片蕎麥麵／洋食店風味茄汁義大利麵 …………………… 126

燒肉牛蒡炒烏龍／乾拌擔擔麵 ……………………………… 127

好幫手麵包

薑汁豬肉堡／鮭魚乳酪抹醬三明治 ………………………… 128

鯖魚三明治／炸竹輪大亨堡 ………………………………… 129

超簡單甜點

OREO蒸麵包／牛奶水果寒天凍 …………………………… 130

酥脆起司司康餅／超簡單堅果餅乾 ………………………… 131

穀麥巧克力棒／超簡單地瓜燒 ……………………………… 132

糖煮肉桂蘋果／圓滾滾甜甜圈 ……………………………… 133

COLUMN

可愛又美味的點綴。**填滿便當空隙的食材集** …………… 72

打開便當後，忍不住拍手驚嘆。**網美級便當** …………… 92

美味可口！營養均衡！**瘦身便當** ………………………… 116

只要有常備菜也能輕鬆做出豪華便當！**郊遊便當** ……… 134

食材分類索引 …………………………………………………… 138

使用本書須知

● 1小匙＝5㎖、1大匙＝15㎖、1杯＝200㎖。

● 本書中使用的醬油是濃口醬油，鹽是天然鹽，砂糖是上白糖，奶油則是選用含鹽奶油。

● 微波爐加熱的時間是以功率600W的機型為基準。微波爐和烤箱一樣，加熱時間會因機型與廠牌不同而多少有點差異。

● 冷藏、冷凍的保存期限僅作為參考。請依一般方式保存並確認料理的狀態。

● 手上有傷口或是身體不適時，請不要勉強製作料理。

從5大類料理中挑選10道菜

本書中，依照料理方法把食譜分成5大類來向大家說明。

分別從這5大類中挑選想做的料理，就能順利在1小時內做出10道菜。

PART1 | 加熱就完成的主菜＋配菜 … 2組4道

只要放入微波爐或烤箱中加熱，就能同時做好主菜和配菜

▶ 因為可以同時做出2道菜，
就算只做這組料理也能完成便當

▶ 也可以一道一道分開料理

▶ 只要事前完成準備，放進微波爐或烤箱即可完成

＊本書中使用的是爐內尺寸寬394mm×深309mm×高235mm，容量30ℓ、有附烤箱功能的微波爐（Panasonic蒸烘烤微波爐NE-BS1600）。如果各位使用的微波爐尺寸比較小的話，請調整製作的分量或是一道一道分開做。

PART2 | 煮熟就完成的主菜 … 2道

用一個平底鍋就能做出主菜

▶ 只有單口瓦斯爐也能製作

▶ 以少量食材就能快速完成

PART3 | 拌勻就完成的配菜 ················· **2**道

只要切一切、拌一拌，或是涼拌就能完成的配菜

▶ 色彩豐富且適合裝入便當，加入就能讓營養更均衡

▶ 想要多一道菜時，只花不到10分鐘就能快速完成

▶ 先做起來保存，需要的時候就很方便

PART4 | 好幫手飯類、麵類、麵包 **1**道　　超簡單甜點 **1**道

只要一道，就能做出飽足感滿點的主食

▶ 集結最適合用於便當的料理

利用水果或是市售甜點，就能快速輕鬆地製作

▶ 用平底鍋、微波爐、電烤箱就能輕鬆完成

從PART1+2+3+4中選出

TOTAL
10道

1小時就能做10道菜的超省時製作流程

要在1小時內做出10道菜，最重要的關鍵就是製作流程。
讓我們照著以下的步驟來進行吧。

1 完成所有料理的前置處理作業

本書的材料表中也同時列出了
「前置處理作業」。
本書中的「前置處理作業」
就是 ⬚ 內的部分

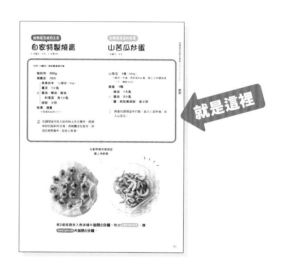

就是這裡

> 在這段時間裡可以先煮白飯、炊飯，
> 或是製作需要冷藏的甜點

2 利用微波爐製作
加熱就完成的主菜
和配菜

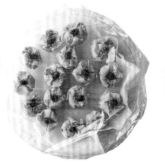

用微波爐來製作PART1中的料理。

開始預熱烤箱

以微波爐調理的時候

3 製作2道煮熟就完成的主菜

PART2中的食譜。
一口氣完成用瓦斯爐調
理的料理。

4 用烤箱製作
加熱就完成的主菜和配菜

用烤箱來製作
PART1中的料理。

以烤箱調理的時候

5 製作好幫手麵類（或是麵包）

製作PART4中的
麵類（或是麵包）料理。

6 製作超簡單甜點

這時開始製作
PART4中的甜點。

7 製作2道拌勻就完成的配菜

在最後階段快速製作
PART3中介紹的料理。

白飯煮好的話，
可做成各種口味的拌飯

10道菜完成！

試著在1小時內
做10道菜看看吧！

超推薦便當菜

❶ `加熱就完成的主菜` `微波爐`
自家特製燒賣（➡P51）

❷ `加熱就完成的配菜` `微波爐`
山苦瓜炒蛋（➡P51）

❸ `加熱就完成的主菜` `烤箱`
鬆軟豆腐餅（➡P69）

❹ `加熱就完成的配菜` `烤箱`
玉米天婦羅（➡P69）

❺ `煮熟就完成的主菜`
蒜香奶油蝦（➡P86）

❻ `煮熟就完成的主菜`
香煎多汁翅小腿（➡P77）

❼ `拌勻就完成的配菜`
中式涼拌紅蘿蔔竹輪（➡P98）

❽ `拌勻就完成的配菜`
尼斯風味四季豆沙拉（➡P100）

❾ `好幫手麵類`
洋食店風味茄汁義大利麵（➡P126）

❿ `超簡單甜點`
糖煮肉桂蘋果（➡P133）

10道美味料理組合

1 完成所有料理的前置處理作業

∨

加熱就完成的主菜 自家特製燒賣

材料（4餐份）

豬絞肉 … **300g**

燒賣皮 … **16張**

A
長蔥碎末 … **½根份**（50g）
薑泥 … **1小匙**
醬油、蠔油、麻油、
　料理酒 … **各1小匙**
胡椒 … **少許**

柴漬* … **適量** →切成5mm的小丁。

＊將京茄子或蘘荷等食材與紅紫蘇一起醃漬而成。

加熱就完成的主菜 鬆軟豆腐餅

材料（4餐份）

板豆腐 … **1塊**（300g）
　→放入耐熱調理盆中，不需蓋上保鮮膜，直接放入
　　微波爐中加熱3分鐘，擦乾水分。

羊栖菜（乾燥） … **5g** →泡水15分鐘還原後，瀝乾水分。

紅薑 … **20g** →切碎。

新鮮香菇 … **2朵**（40g） →切除菇柄後，切成碎末。

雞蛋 … **1顆**

A
片栗粉 … **3大匙**
料理酒 … **1大匙**
醬油 … **1小匙**
鹽 … **½小匙**

麻油 … **適量**

＋

加熱就完成的配菜 山苦瓜炒蛋

山苦瓜 … **1條**（250g）
　→縱切一半後，再切成5mm寬，
　　撒上少許鹽搓揉後，擠乾水分。

雞蛋 … **1顆**

B
麻油 … **1大匙**
醬油 … **2小匙**
鹽、粗粒黑胡椒 … **各少許**

加熱就完成的配菜 玉米天婦羅

玉米粒（罐頭） … **1小罐**（65g） →瀝乾湯汁。

B
麵粉 … **4大匙**
水 … **3大匙**
橄欖油 … **2大匙**
咖哩粉 … **1小匙**
鹽 … **少許**

1 將蛋在耐熱調理盆中打散，加入**B**混拌後，放入山苦瓜。

2 在調理盆中放入絞肉和**A**充分攪拌。將調味好的餡料均分後，用燒賣皮包起來，排放在耐熱盤中，並放上柴漬。

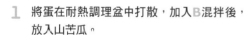

1 將玉米粒放入調理盆中，加入**B**混拌。

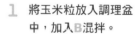

2 將蛋打入裝有豆腐的調理盆中，加入羊栖菜、紅薑、香菇、**A**充分混拌均勻。

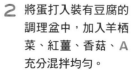

煮熟就完成的主菜 蒜香奶油蝦

材料（4餐份）

蝦子 … **12尾**（240g）

→ 從蝦子背部劃開，取出腸泥。

A
| 羅勒（乾燥）… **½小匙**
| 蒜泥 … **1小匙**
| 料理酒 … **2大匙**
| 鹽、胡椒 … **各少許**

奶油 … **20g**

將**A**倒入調理盆中混合，放入蝦子裹滿調味料後，靜置15分鐘。

煮熟就完成的主菜 香煎多汁翅小腿

材料（4餐份）

翅小腿 … **8根**（480g）

橄欖油 … **4大匙**

用刀子沿著翅小腿的骨頭處劃入切口。放入調理盆中，加入4大匙烤肉沾醬和少許胡椒，均勻沾裹後靜置10分鐘，再撒上適量的麵粉。

拌勻就完成的配菜 中式涼拌紅蘿蔔竹輪

材料（4餐份）

紅蘿蔔 … **2根**（300g）

竹輪 … **2根**（60g）

A
| 焙煎白芝麻 … **1大匙**
| 雞高湯粉（顆粒）、辣油 … **各½小匙**

用削皮刀把紅蘿蔔削成細長的條狀，撒上1小匙鹽搓揉一下。靜置10分鐘後擠乾水分。將竹輪縱切一半後，再切成5mm寬。

拌勻就完成的配菜 尼斯風味四季豆沙拉

材料（4餐份）

四季豆 … **12根**（120g）

黑橄欖（切成圓片）… **4個份**

A
| 蒜泥 … **½小匙**
| 橄欖油、檸檬汁 … **各1大匙**
| 鹽、粗粒黑胡椒 … **各少許**

將四季豆切成3～4cm長，放入耐熱調理盆中，蓋上保鮮膜後放入微波爐中加熱2分鐘。

好幫手麵類 洋食店風味 茄汁義大利麵

材料（4餐份）

義大利麵（乾燥）… **200g**

維也納香腸 … **4根**（80g）

青椒 … **2個**（70g）

洋蔥 … **½個**（100g）

橄欖油 … **2大匙**

A
| 番茄醬 … **4大匙**
| 醬油、味醂 … **各2小匙**

【裝便當當天的準備】起司粉 … **適量**

將義大利麵放入加了少許鹽的熱水中，煮好後瀝乾水分。將維也納香腸斜切成薄片，青椒切成薄薄的圓片，洋蔥則縱切成薄片。

超簡單甜點 糖煮肉桂蘋果

材料（4餐份）

蘋果 … **1個**

無鹽奶油 … **10g**

砂糖 … **1大匙**

肉桂粉 … **1小匙**

將蘋果帶皮直接切成12等分的瓣狀，接著去除蒂頭和籽。

2 利用微波爐製作加熱就完成的主菜和配菜

10分鐘 →

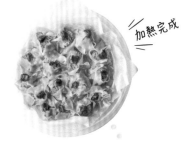

加熱完成

自家特製燒賣

5分鐘 →

加熱完成

山苦瓜炒蛋

加熱完成

> **加熱後開始
> 預熱烤箱**

以微波爐調理的時候

先分別在耐熱盤和調理盆蓋上保鮮膜。把2個容器放入微波爐中加熱5分鐘。取出山苦瓜炒蛋，讓燒賣再加熱5分鐘。

3 製作2道煮熟就完成的主菜

蒜香奶油蝦

在平底鍋中放入奶油，將蝦子連同調味料一起倒入，一邊翻面一邊以中火煎4～5分鐘，直到蝦子變色為止。

香煎多汁翅小腿

在平底鍋中倒入橄欖油，以中小火加熱，放入翅小腿後，一邊翻動一邊以半煎炸的方式調理。

30分鐘

4 用烤箱製作加熱就完成的主菜和配菜

鬆軟豆腐餅　　玉米天婦羅

20分鐘

在烤盤鋪上2張烘焙紙。用湯匙
舀起混拌好的玉米天婦羅麵糊，
做出8個直徑4㎝的圓形，淋上麻
油。用另一支湯匙舀起豆腐餅的
麵糊，做出8個直徑4㎝的圓形。
放入烤箱中烘烤20分鐘。

以烤箱調理的時候

5 製作好幫手麵類 (或是麵包)

洋食店風味茄汁義大利麵

在平底鍋中倒入橄欖油以中
火加熱，放入維也納香腸、
青椒、洋蔥拌炒均勻。待整
體都沾附上油脂後，加入義
大利麵。

加入A (➡P23) 後快速混拌
均勻。要吃的時候再撒上
起司粉。

40分鐘

25

烤好了！

6 製作超簡單甜點

∨

糖煮肉桂蘋果

在平底鍋中放入奶油，開中火加熱至奶油融化
後，放入蘋果把兩面煎過。蘋果軟化後加入砂
糖和肉桂粉，煮至產生黏稠度為止。

50分鐘

7小時就能完成！

7 製作2道拌勻就完成的配菜

∨

中式涼拌紅蘿蔔竹輪

在較大的調理盆中倒入A（➡P23）混合，再放入紅蘿蔔、竹輪拌勻。

尼斯風味四季豆沙拉

在較大的調理盆中倒入A（➡P23）混合，再放入四季豆、黑橄欖拌勻。

FINISH!

60分鐘

自由搭配組合！
不論什麼場合都能享受便當

只要運用5大類的食譜自由變化組合，不管什麼場合都能派上用場。

當然很適合做便當，也能依照自己的發想享受無限樂趣！

1 加熱就完成的主菜
蒸煮鮭魚
高麗菜 （➡P58）

2 加熱就完成的配菜
金平風味
紅蘿蔔 （➡P58）

3 加熱就完成的主菜
味噌烤豬肉 （➡P41）

4 加熱就完成的配菜
咖哩海苔風味
炸竹輪
（➡P41）

6 煮熟就完成的主菜
骰子牛排 （➡P81）

7 拌勻就完成的配菜
涼拌高麗菜
櫻花蝦 （➡P97）

8 拌勻就完成的配菜
味噌鮪魚
拌甜椒
（➡P105）

味道和外觀都
超滿足的組合

以日式料理為主，
搭配中式、韓式等變化豐富的組合。
不妨依製作時的心情來選擇吧！

早餐時

| 好幫手麵包 | 鮭魚乳酪抹醬三明治（➡P128） |
| 填滿便當空隙的食材 | 格子蘋果（➡P74） |

❺ 煮熟就完成的主菜
明太子海苔
高湯蛋捲（➡P88）

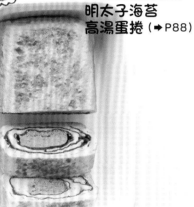

下午茶時

| 超簡單甜點 | OREO蒸麵包（➡P130） |
| 超簡單甜點 | 圓滾滾甜甜圈（➡P133） |

❿ 超簡單甜點
牛奶水果寒天凍
（➡P130）

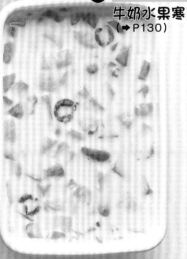

晚餐時

| 加熱就完成的主菜 | 味噌烤豬肉（➡P41） |
| 加熱就完成的配菜 | 金平風味紅蘿蔔（➡P58） |

❾ 好幫手飯類
中式風味炊煮油飯（➡P122）

外觀既漂亮又美味！
裝便當的方法

大家有這種經驗嗎？都特地做好美味的料理了，卻沒辦法漂亮地裝進便當盒裡。
以下介紹的是便當盒的盛裝技巧，能讓料理看起既美觀又可口。

{ 3道菜的便當 }

1 裝入白飯後放涼

白飯放涼後就會不易裝填，所以一開始先裝進便當盒裡充分放涼。剛煮好的白飯需要花很長的時間才能放涼，只要稍微冷卻即可裝填。

2 放入主菜

放入炸物或以煎烤方式調理、較有分量感的主菜。

3 放入配菜

放入有固定形狀的配菜。

4 放入第3道料理

為了避免味道混在一起，可將料理放入小小的容器中。把沙拉、涼拌菜等形狀較不固定的配菜填滿便當的空隙，如此一來既美觀，也不用擔心營養不均衡。

5 完成！

依喜好在白飯放上鹽昆布或是梅乾等，增添一些風味。請依照便當的內容物選擇搭配。

{2道菜的蓋飯便當}

盛裝便當5大守則

 守則1　用乾淨的筷子

如果用沾上其他料理的調味料的筷子，便會產生細菌。盛裝每一道料理時，都要使用乾淨的筷子或是湯匙。

 守則2　只加熱要裝進便當裡的量

拌炒或燉煮的料理等，只將要裝進便當盒的分量取出放入耐熱容器中，蓋上保鮮膜放進微波爐加熱。炸物則是放在鋁箔紙上用電烤箱加熱。加熱後要充分放涼。

1　填入白飯

在便當盒的底部放入白飯並鋪平。

 守則3　去除燉煮料理的湯汁

如果沒有去除菜餚帶有的湯汁，便很容易讓其他料理沾上味道，這也是造成食物腐壞的原因。將燉煮料理放在鋪有廚房紙巾的盤子上，徹底吸除湯汁再放進便當盒裡。

2　放上主菜

在⅔的白飯放上主菜後鋪平。

 守則4　淋醬或沾醬要裝進容器裡

不想讓淋醬或沾醬滲進菜餚裡的話，可以裝在其他容器中，要吃的時候再淋到菜餚上即可。

3　放上配菜

在露出白飯的部分放上配菜後鋪平。

 守則5　放進保冷袋中

天氣高溫炎熱時，將保冷劑放在便當盒上並以束帶固定，再放入保冷袋就會比較安心。

本書的使用方法

一看就懂的 超省時技巧

本書將為大家介紹很適合拿來帶便當的常備菜。只要使用手邊現有的工具和食材就能完成。不妨挑選家裡現有的食材或自己想吃的料理來做吧！

保存的參考基準　是否能冷凍保存
➡ 冷凍的話可以保存約1個月

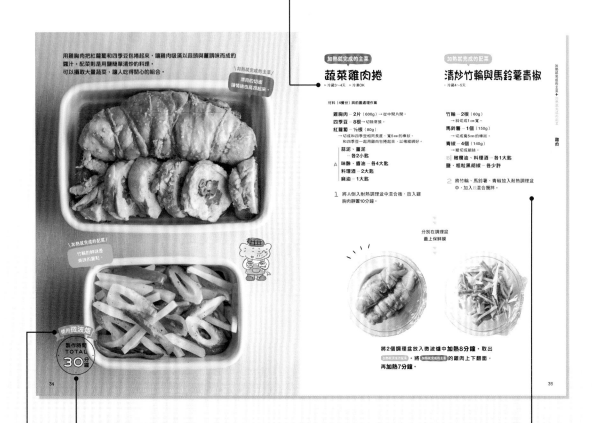

調理2道料理所需的時間
（PART2～4則為一道料理所需的時間）

使用的調理工具（只有PART1）

記載所需材料與前置處理作業。
依照框內所寫的內容進行即是省時的訣竅。
以 1、2 的順序製作。

＼ 交給微波爐或烤箱吧！／

同時製作

加熱就完成的主菜

加熱就完成的配菜

只要將事先準備好的2道料理的食材放入微波爐或烤箱中加熱即可。

可以同時做出美味的主菜和配菜。

這個單元會依照不同食材介紹主菜與配菜的作法，挑選時也很方便。

由於「只要使用調理工具加熱」就能完成，

因此可以順暢地著手製作其他料理。

＊本書中使用的是爐內尺寸寬394mm×深309mm×高235mm，容量30ℓ、有附烤箱功能的微波爐。

用雞胸肉把紅蘿蔔和四季豆包捲起來，讓雞肉吸滿以蒜頭與薑調味而成的
醬汁。配菜則是用鹽簡單清炒的料理。
可以攝取大量蔬菜、讓人吃得開心的組合。

\加熱就完成的主菜/

漂亮的切面
讓情緒也高昂起來。

\加熱就完成的配菜/

竹輪的鮮味是
美味的重點。

使用微波爐

製作時間
TOTAL
30分鐘

蔬菜雞肉捲

▶ 冷藏3～4天　▶ 冷凍OK

材料（4餐份）與前置處理作業

雞胸肉…**2片**（600g）→從中間片開。

四季豆…**8根**→切除蒂頭。

紅蘿蔔…**½根**（80g）
　　→切成和四季豆相同長度、寬5mm的棒狀。
　　　和四季豆一起用雞肉包捲起來，以棉線綁好。

A｜蒜泥、薑泥
　　…各2小匙
　｜味醂、醬油…各4大匙
　｜料理酒…2大匙
　｜麻油…1大匙

1 將**A**倒入耐熱調理盆中混合後，放入雞
胸肉靜置10分鐘。

清炒竹輪與馬鈴薯青椒

▶ 冷藏4～5天

竹輪…**2根**（60g）
　　→斜切成1cm厚。

馬鈴薯…**1個**（150g）
　　→切成寬5mm的棒狀。

青椒…**4個**（140g）
　　→縱切成細絲。

B｜橄欖油、料理酒…各1大匙
　｜鹽、粗粒黑胡椒…各少許

2 將竹輪、馬鈴薯、青椒放入耐熱調理盆
中，加入**B**混合攪拌。

分別在調理盆
蓋上保鮮膜

將**2個調理盆放入微波爐中加熱8分鐘**。取出

。將 加熱就完成的主菜 的雞肉上下翻面，

再加熱7分鐘。

只要利用微波爐加熱，就能馬上做好中式菜餚。
食材的鮮味會充分凝縮在裡面。

加熱就完成的主菜

鮮嫩口水雞
▶ 冷藏3～4天　冷凍OK

加熱就完成的配菜

蠔油炒蕈菇
冷藏4～5天　冷凍OK

材料（4餐份）與前置處理作業

雞胸肉 … 2片（600g）
　　→縱切一半，用叉子在帶皮的那面戳幾個洞。

A ｜ 料理酒、砂糖 … 各2大匙
　｜ 鹽 … ½小匙

1　將A倒入耐熱調理盆中混合，放入雞胸
　　肉搓揉入味後，靜置10分鐘。

B ｜ 長蔥碎末 … ½根份
　｜ 蒜泥 … 1小匙
　｜ 醋、醬油、麻油 … 各2大匙

鴻喜菇 … 1包（100g）
　　→切除硬蒂後剝散。

新鮮香菇 … 5朵（100g）
　　→切除菇柄後，再切成薄片。

C ｜ 薑泥 … ½小匙
　｜ 蠔油、麻油 … 各1大匙
　｜ 砂糖 … 1小匙
　｜ 粗粒黑胡椒 … 少許

2　將C倒入耐熱調理盆中混合後，放入鴻
　　喜菇和香菇混拌。

分別在調理盆蓋上保鮮膜

使用微波爐

製作時間
TOTAL
30分鐘

將2個調理盆放入微波爐中**加熱
8分鐘**。取出 加熱就完成的配菜 。將
加熱就完成的主菜 的雞肉上下翻面，再
加熱7分鐘。在 加熱就完成的主菜 旁附
上混合好的 B，要吃的時候淋上
即可。

香氣讓人食慾大開的咖哩雞翅＋
烤得鬆鬆軟軟的美味山藥，令人雀躍的組合。

加熱就完成的主菜

辛香料烤雞翅

冷藏3～4天　▶冷凍OK

加熱就完成的配菜

奶油烤山藥

▶冷藏4～5天

材料（4餐份）與前置處理作業

雞翅 … **8根**（480g）
　→沿著骨頭處劃開。

A
片栗粉 … **4大匙**
料理酒、醬油、麻油 … 各**1大匙**
咖哩粉 … **1小匙**
鹽、粗粒黑胡椒 … 各少許

山藥 … **1條**（400g）
　→去皮後切成1cm厚的圓片。

B
奶油 … **20g**
鹽 … 少許

粗粒黑胡椒 … 少許

1　將A倒入調理盆中混合，放入雞翅混拌
　　後，靜置10分鐘。

將烤箱預熱至220℃

使用烤箱
製作時間
TOTAL
30分鐘

在烤盤鋪上2張烘焙紙。一邊放
上雞翅。另一邊放上山藥後再放
上 B 。用烤箱**烘烤15分鐘**。在
加熱就完成的配菜 撒上粗粒黑胡椒。

用烤肉沾醬就能做出正統的韓式料理「韓式辣雞」，
快速又簡單。可以換個口味的甜甜地瓜也是人氣配菜。

加熱就完成的主菜

韓式辣雞

▸冷藏3～4天　▸冷凍OK

加熱就完成的配菜

芝麻炒地瓜

冷藏4～5天

材料（4餐份）與前置處理作業

雞腿肉 … **2片**（600g）
　→ 切成3～4cm的塊狀。

A | 烤肉沾醬 … **5大匙**
　| 韓式辣椒醬 … **2大匙**
　| 麻油 … **1大匙**

1　將A倒入耐熱調理盆中混合，放入雞腿
　　肉拌勻後，靜置10分鐘。

地瓜 … **2條**（600g）
　→ 切成1cm厚的半圓形。

B | 焙煎黑芝麻 … **1大匙**
　| 麻油 … **1大匙**
　| 鹽 … **1小匙**

2　將地瓜放入耐熱調理盆中，加入B混
　　合攪拌。

分別在調理盆蓋上保鮮膜

使用**微波爐**

製作時間
TOTAL
30分鐘

將2個調理盆放入微波爐中**加熱
10分鐘**。取出 加熱就完成的配菜 。將
加熱就完成的主菜 的雞肉上下翻面，
再**加熱5分鐘**。

便當必備的炸雞，加上起司的超棒組合。
也很推薦拿來當下酒菜。

加熱就完成的主菜
多汁炸雞
▶冷藏3～4天　▶冷凍OK

加熱就完成的配菜
起司焗烤綠豆芽
▶冷藏3～4天

材料（4餐份）與前置處理作業

雞腿肉 … **2片**（600g）
　→切成一口大小。

A
| 蒜泥、薑泥 … 各2小匙
| 料理酒、醬油 … 各2大匙
| 砂糖、麻油 … 各1大匙
| 片栗粉 … 50g

1　將雞腿肉放入調理盆中，加入 A 搓揉入
　味後，靜置10分鐘。

綠豆芽 … **1袋**（250g）
　→放入網篩洗淨後，瀝乾水分。

B
| 披薩用起司絲 … 40g
| 雞蛋 … 1顆
| 麵粉 … 3大匙
| 鹽 … 1小匙

2　將綠豆芽與 B 放入調理盆中，充分攪拌。

切碎的荷蘭芹（乾燥）… 少許

將烤箱預熱至220℃

使用烤箱
製作時間
TOTAL
30分鐘

在烤盤鋪上2張烘焙紙。放上雞腿
肉。用湯匙舀取 2 ，在烤盤上做
出6個直徑約5cm的圓形。以烤箱
烘烤15分鐘。在 加熱就完成的配菜 撒
上切碎的荷蘭芹。

39

非常下飯，讓人心情愉悅的2道菜餚。
可以拿來做成蓋飯便當，也很推薦當成晚餐的主菜，吃起來超有飽足感。
事不宜遲，不妨從今天開始，把這2道料理加入自己的拿手菜清單中吧！

\ 加熱就完成的主菜 /

濃郁的味噌
完全滲透到食材裡。

\ 加熱就完成的配菜 /

辛香料的香氣
整個擴散開來。

使用烤箱

製作時間
TOTAL
25分鐘

加熱就完成的主菜

味噌烤豬肉

▶ 冷藏3～4天　▶ 冷凍OK

加熱就完成的配菜

咖哩海苔風味炸竹輪

▶ 冷藏4～5天　▶ 冷凍OK

材料（4餐份）與前置處理作業

豬里肌肉（薑汁燒肉用）… **5片**（400g）
→ 切斷豬肉的筋。

新鮮香菇 … 4朵（80g）
→ 切除菇柄後，用刀子在菇傘表面劃出十字形。

獅子唐青椒 … 4個
→ 用刀子劃出一道切口。

A
味噌 … **3大匙**
味醂 … **2大匙**
料理酒、砂糖 … **各1大匙**

1　在調理盆中倒入 **A** 混合，放入豬肉、香菇、獅子唐青椒讓食材裹滿調味料後，靜置10分鐘。

竹輪 … 4根（120g）
→ 將長度切成4等分。

B
水 … **4大匙**
青海苔粉 … **1小匙**
麵粉 … **4大匙**
美乃滋 … **1大匙**
咖哩粉 … **1小匙**
鹽 … **少許**

2　將 **B** 放入調理盆中充分混拌均勻。

將烤箱預熱至220℃

要小心別被燙傷！

在烤盤鋪上2張烘焙紙。放上豬肉後，再放上香菇和獅子唐青椒。將竹輪裹上 2 的麵衣後，放到烤盤上。用烤箱**烘烤13分鐘**。

> 「想吃的經典日式料理」非這道菜莫屬。
> 不論男女老少都會喜歡，絕對不會失誤。

加熱就完成的主菜

薑燒豬肉

冷藏3～4天　　冷凍OK

加熱就完成的配菜

梅肉煮羊栖菜

冷藏4～5天　　冷凍OK

材料（4餐份）與前置處理作業

豬里肌肉（薑汁燒肉用）… **400g**
　→ 切斷豬肉的筋。

洋蔥 … ½個（100g）
　→ 橫切成薄片。

A
| 薑泥 … 1小匙
| 日式麵味露（原液）… 6大匙
| 味醂、麻油 … 各2大匙

1　在耐熱調理盆中倒入 **A** 混合。放入豬肉、洋蔥後繼續攪拌，靜置10分鐘。

羊栖菜（乾燥）… **15g**
　→ 泡水15分鐘還原後，瀝乾水分。

竹輪 … **2根**（60g）→ 斜切成5㎜厚。

紅蘿蔔 … **½根**（80g）→ 切成4㎝長的細絲。

梅乾 … **3個**
　→ 去籽後，用菜刀把梅乾拍碎，準備30g。

B
| 味醂、醬油 … 各2大匙
| 砂糖 … 2小匙
| 和風高湯粉（顆粒）… 1小匙

2　在耐熱調理盆中倒入 **B** 混合。放入羊栖菜、竹輪、紅蘿蔔、梅肉後，繼續混合攪拌。

分別在調理盆蓋上保鮮膜

使用微波爐
製作時間
TOTAL
25分鐘

將2個調理盆放入微波爐中**加熱**
10分鐘。

主菜是用番茄醬＋伍斯特醬製作而成的西式風味
燉煮豬肉。附上十分對味、充滿辛香料香氣的配菜。

加熱就完成的主菜

特製燉煮豬五花

▶ 冷藏3～4天　▶ 冷凍OK

加熱就完成的配菜

咖哩風味韓式炒冬粉

▶ 冷藏4～5天

材料（4餐份）與前置處理作業

豬五花肉塊 … 400g
　→ 切成2.5cm寬。

A
| 薑泥、蒜泥 … 各1小匙
| 料理酒、番茄醬、蜂蜜、
　 伍斯特醬 … 各2大匙
| 鹽、胡椒 … 各少許

1　在耐熱調理盆中倒入A混合，放入豬肉裹
　 滿調味料後，靜置10分鐘。

洋蔥 … ½個（100g）→ 縱切成薄片。
青椒 … 2個（70g）→ 縱切成細絲。
冬粉 … 50g→ 將長度切成一半。

B
| 水 … ½杯
| 味醂、蠔油 … 各2大匙
| 麻油 … 1大匙
| 咖哩粉 … 1小匙
| 鹽 … ½小匙

2　在耐熱調理盆中倒入B混合，把冬粉放在
　 最下方，再依序放入洋蔥和青椒。

分別在調理盆蓋上保鮮膜

使用**微波爐**

製作時間
TOTAL
30分鐘

將2個調理盆放入微波爐中**加熱
15分鐘**。如果有荷蘭芹的話，
可以撒在 加熱就完成的主菜 上。

用微波爐就能以健康的方式快速做出經典中式料理。
搭配口感Q彈又入味的蒟蒻料理一起享用。

加熱就完成的主菜

超快速回鍋肉

▶冷藏3～4天　▶冷凍OK

加熱就完成的配菜

鹹甜風味炒手撕蒟蒻

冷藏4～5天

材料（4餐份）與前置處理作業

豬五花肉薄片 … **200g**→切成3～4㎝的長度。
高麗菜 … ¼個（300g）→切成3㎝的塊狀。
青椒 … 3個（100g）→切成3㎝的塊狀。

A
　薑泥、蒜泥 … 各1小匙
　味噌、醬油 … 各2大匙
　味醂 … 1大匙
　豆瓣醬 … 1小匙

2 在耐熱調理盆中倒入A混合後，放入豬
　肉、高麗菜、青椒裹滿調味料。

蒟蒻（汆燙去腥）… 1塊（300g）
　→用湯匙輔助撕成一口大小。

B
　味醂、醬油、麻油 … 各1大匙
　砂糖 … 1小匙

1 在耐熱調理盆中倒入B混合。放入蒟
　蒻後繼續混拌，靜置10分鐘。

分別在調理盆蓋上保鮮膜

▼

使用微波爐

製作時間
TOTAL
25分鐘

將2個調理盆放入微波爐中**加熱
10分鐘**。如果有切得細細的辣
椒絲，可以撒在 加熱就完成的主菜 上。

只要放入便當盒中，馬上就會變得很華麗。
味道當然也很美味。視覺與味覺的雙重享受。

加熱就完成的主菜

捲捲炸豬排

▶ 冷藏3〜4天　▶ 冷凍OK

加熱就完成的配菜

花朵火腿蛋

▶ 冷藏3〜4天

材料（4餐份）與前置處理作業

豬腿肉薄片 … **8片**（160g）

起司片 … **4片**→切成一半。

青紫蘇葉 … **8片**→去除葉片的梗。

鹽、胡椒 … **各少許**

2　將豬肉鋪平後放上起司片、青紫蘇葉捲
　　起來，撒上鹽和胡椒。

A｜蛋液 … **½顆份**　麵粉 … **4大匙**
　｜水 … **1大匙**→放入調理盆中攪拌。

B｜麵包粉 … **5大匙**
　｜橄欖油 … **3大匙**→放入淺盤中混合。

雞蛋 … **2顆**

火腿 … **4片**

青椒 … **½個**（20g）
　→切成圓片。

紅蘿蔔 … **¼根**（40g）
　→切成薄片後，用花朵形狀的模具壓出形狀。

C｜美乃滋 … **1大匙**
　｜鹽、粗粒黑胡椒 … **各少許**

1　將蛋在調理盆中打散，加入C混拌。

將烤箱預熱至220℃

使用烤箱
製作時間
TOTAL
25分鐘

在烤盤的半邊鋪上烘焙紙。空出來的半邊則
放上4個直徑5cm的鋁箔杯，鋪入火腿片後倒
入 **1** ，放入青椒、紅蘿蔔。將包捲好餡料的
豬肉在 **A** 中來回滾動，再裹上 **B** 的麵衣，並
排放在烘焙紙上。用烤箱**烘烤5分鐘**。取出

加熱就完成的配菜 後，再烤5分鐘。

主菜的馬鈴薯燉肉以鹽調味，
溫潤的風味，不論多少都吃得下。
配菜的重點則是以帶有甜味的味噌為料理增添風味。

\ 加熱就完成的主菜 /

將馬鈴薯略微煮散，
讓整體融合。

\ 加熱就完成的配菜 /

花一些時間燉煮，
煮到茄子軟嫩入味。

使用微波爐

製作時間
TOTAL
30分鐘

鹽味馬鈴薯燉肉

▶ 冷藏4～5天

味噌煮茄子

▶ 冷藏4～5天　▶ 冷凍OK

材料（4餐份）與前置處理作業

牛邊角肉 … **100g**
　　→較大塊的肉要切成方便食用的大小。

馬鈴薯 … **2個**（300g）→切成略大的滾刀塊。

紅蘿蔔 … **½根**（80g）→切成滾刀塊。

洋蔥 … **1個**（200g）→切成8等分的瓣狀。

A
| 料理酒 … **2大匙**
| 雞高湯粉 … **1小匙**
| 麻油 … **1大匙**
| 鹽 … **1小匙**
| 粗粒黑胡椒 … **少許**

2　在耐熱調理盆中倒入 A 混合。放入牛邊角肉、馬鈴薯、紅蘿蔔、洋蔥後，繼續混合攪拌。

茄子 … **4條**（320g）
　　→切成一口大小的滾刀塊。

B
| 焙煎白芝麻 … **1大匙**
| 味噌、料理酒、味醂 … **各1大匙**
| 砂糖 … **½大匙**

1　在耐熱調理盆中倒入 B 混合後，放入茄子裹滿調味料。

分別在調理盆
蓋上保鮮膜

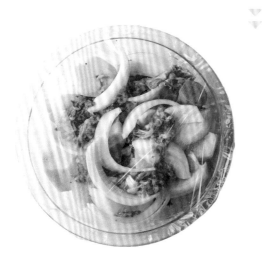

將2個調理盆放入微波爐中加熱20分鐘。

可以吃到很多蔬菜的絕佳組合。
當然很適合當便當菜，也很適合拿來下酒。

加熱就完成的主菜

牛肉蔬菜起司包

冷藏4～5天　　冷凍OK

加熱就完成的配菜

Q軟烤蓮藕

▶ 冷藏4～5天

材料（4餐份）與前置處理作業

牛腿肉薄片 … **8片**（240g）

櫛瓜 … **½條**（100g）→切成1㎝厚的圓片。

茄子 … **½條**→切成1㎝厚的圓片。

起司片 … **2片**→切成4等分。

顆粒芥末醬 … 適量

A｜鹽、粗粒黑胡椒 … 各少許

2 將牛肉鋪平後，薄薄塗上一層顆粒芥末
醬，依序放上櫛瓜、起司片、茄子後包捲
起來，撒上 **A**。

蓮藕 … **300g**

→去皮後，放入調理盆中磨碎。

青海苔粉 … **1大匙**

片栗粉 … **2大匙**

B 水、味醂、醬油 … 各**1大匙**

砂糖 … **½大匙**

鹽 … **½小匙**

1 在放有蓮藕的調理盆中加入 **B** 後，充分混
合攪拌。

將烤箱預熱至220℃

使用**烤箱**

製作時間
TOTAL
25分鐘

在烤盤鋪上2張烘焙紙。用湯匙舀取
1 做出12個直徑3㎝的圓形。放上包
捲好蔬菜和起司的牛肉。用烤箱**烘
烤10分鐘**。

改變牛肉包捲的方式或食材，就能做出另一種美味，再附上滋味清爽的配菜。

加熱就完成的主菜

牛蒡紅蘿蔔牛肉捲

▶冷藏4～5天　冷凍OK

加熱就完成的配菜

西式風味炒豆腐

▶冷藏3～4天

材料（4餐份）與前置處理作業

牛腿肉薄片 … **8片**（240g）

牛蒡 … **½根**（75g）→ 切成長5cm、寬5mm的棒狀。

紅蘿蔔 … **大½根**（100g）
　　→ 切成長5cm、寬5mm的棒狀。

2　將牛肉片鋪平後，放上牛蒡和紅蘿蔔包捲起來。

A
｜**薑泥** … **1小匙**
｜**日式麵味露**（原液）… **3大匙**
｜**味醂** … **1大匙**

3　在耐熱調理盆中倒入 A 混合後，放入包好蔬菜的牛肉捲。

板豆腐 … **1塊**（300g）
　　→ 放入耐熱調理盆中，不需蓋上保鮮膜，直接放入微波爐中加熱3分鐘，擦乾水分。

毛豆（冷凍）… **100g**
　　→ 解凍後，從豆莢中取出豆子。

玉米粒（罐頭）… **1小罐**（65g）
　　→ 瀝乾湯汁。

B
｜**西式風味高湯粉**（顆粒）… **2小匙**
｜**橄欖油** … **1大匙**
｜**鹽、粗粒黑胡椒** … **各少許**

1　在放有豆腐的調理盆中加入毛豆、玉米粒，再加入 B 混合。

分別在調理盆蓋上保鮮膜

使用微波爐
製作時間
TOTAL
25分鐘

將2個調理盆放入微波爐中**加熱10分鐘**。

49

主菜是很受歡迎的中式料理「燒賣」，口感柔軟又美味。
搭配帶有微苦滋味但很好吃的山苦瓜炒蛋，
屬於風味各有特色的組合。

\ 加熱就完成的配菜 /

從今天開始就是
我們家的招牌菜。

使用微波爐

製作時間
TOTAL
25分鐘

柴漬的酸味與口感
都很新鮮。

\ 加熱就完成的主菜 /

自家特製燒賣

▶ 冷藏4～5天　▶ 冷凍OK

山苦瓜炒蛋

▶ 冷藏3～4天

材料（4餐份）與前置處理作業

豬絞肉…300g

燒賣皮…16片

A
長蔥碎末…½根份（50g）
薑泥…1小匙
醬油、蠔油、麻油、
料理酒…各1小匙
胡椒…少許

柴漬…適量
　→切成5mm的小丁。

2 在調理盆中放入絞肉和A充分攪拌，將調
味好的餡料均分後，用燒賣皮包起來，排
放在耐熱盤中，並放上柴漬。

山苦瓜…1條（250g）
　→縱切一半後，再切成5mm寬，撒上少許鹽搓揉
　　一下，擠乾水分。

雞蛋…1顆

B
麻油…1大匙
醬油…2小匙
鹽、粗粒黑胡椒…各少許

1 將蛋在耐熱調理盆中打散，加入B混合攪
拌後，放入山苦瓜。

在耐熱盤和調理盆
蓋上保鮮膜

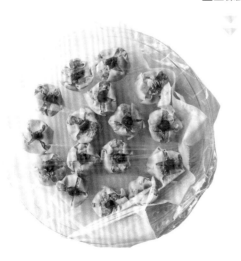

將2個容器放入微波爐中**加熱5分鐘**。取出 加熱就完成的配菜 ，讓
加熱就完成的主菜 再**加熱5分鐘**。

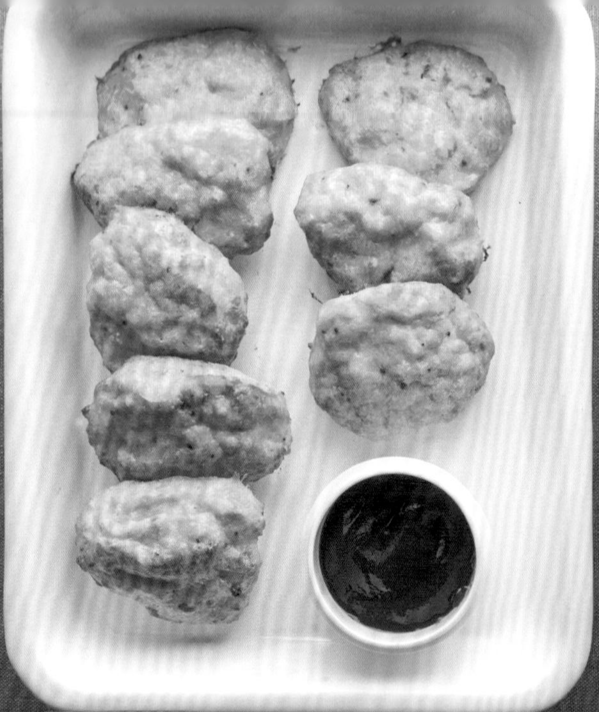

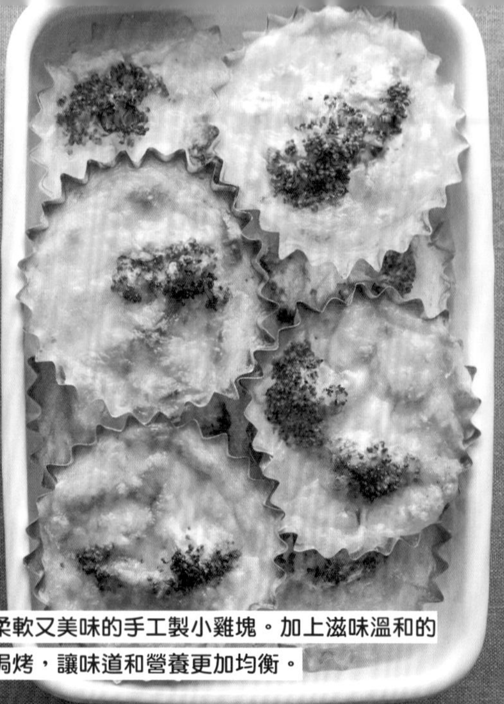

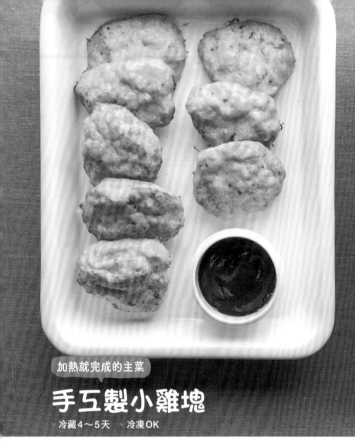

柔軟又美味的手工製小雞塊。加上滋味溫和的焗烤，讓味道和營養更加均衡。

加熱就完成的主菜

手工製小雞塊

▶冷藏4～5天　▶冷凍OK

加熱就完成的配菜

焗烤山藥杯

▶冷藏4～5天

材料（4餐份）與前置處理作業

雞胸絞肉…**200g**

雞蛋…**1顆**

A
- **蒜泥**…**1小匙**
- **麵粉**…**1大匙**
- **美乃滋**…**1小匙**
- **鹽、粗粒黑胡椒**…**各少許**

2 將蛋在調理盆中打散，加入絞肉和A充分混拌。

B｜**番茄醬、中濃醬**…**各2大匙**

山藥…**300g**

→去皮後，放入調理盆中磨碎。

日式麵味露（原液）…**1大匙**

1 在放有山藥的調理盆中加入日式麵味露，混合攪拌。

青花菜…**½顆**（100g）

→分成小朵。

披薩用起司絲…**50g**

將烤箱預熱至220℃

使用烤箱

製作時間 TOTAL 25分鐘

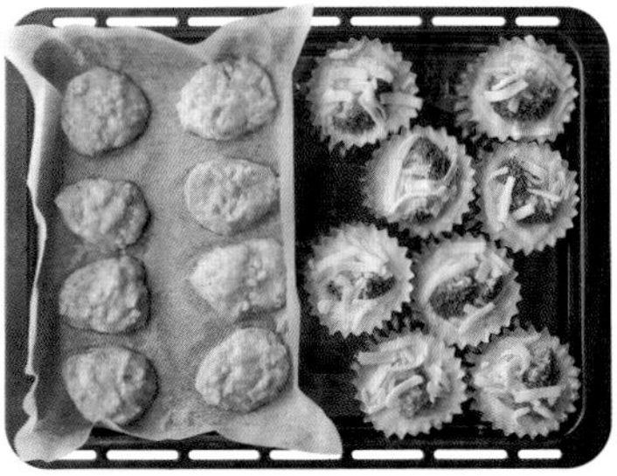

在烤盤的半邊鋪上烘焙紙，用湯匙舀取2，在烤盤上做出8個直徑約3㎝的圓形。在空出來的半邊放上8個直徑5㎝的鋁箔杯，將1均等地倒入杯中，放上小朵的青花菜後撒上披薩用起司絲。放入烤箱中烘烤10分鐘。取出加熱就完成的配菜，讓加熱就完成的主菜再烤5分鐘。在主菜旁附上混合好的B。

絞肉

可以吃到分量滿滿的各種蔬菜，健康的便當菜組合。打拋雞肉也很適合放在飯上做成蓋飯。

加熱就完成的主菜

打拋雞肉炒蔬菜
冷藏4～5天　冷凍OK

加熱就完成的配菜

香辣燉蔬菜
冷藏4～5天

材料（4餐份）與前置處理作業

雞胸絞肉…**200g**

甜椒（黃色）…**2個**（300g）→縱切成寬5mm的條狀。

小松菜…**½把**（150g）→將長度切成3cm。

洋蔥…**½個**（100g）→縱切成薄片。

A
醬油…**1大匙**
砂糖…**2小匙**
蠔油、魚露…**各½大匙**
檸檬汁…**1小匙**

1 在耐熱調理盆中放入絞肉、甜椒、小松菜、洋蔥、A，混合攪拌。

茄子…**2條**（160g）→切成5mm的小丁。

櫛瓜…**1條**（200g）→切成5mm的小丁。

洋蔥…**½個**（100g）→切成5mm的小丁。

番茄…**1個**（150g）→切成小塊。

B
切成小圓片的紅辣椒…**1根份**
番茄醬、味醂…**各2大匙**
橄欖油…**1大匙**
鹽…**½小匙**

2 在耐熱調理盆中放入茄子、櫛瓜、洋蔥、番茄、B，混合攪拌。

分別在調理盆蓋上保鮮膜

使用微波爐

製作時間
TOTAL
30分鐘

將2個調理盆放入微波爐中**加熱15分鐘**。取出 加熱就完成的主菜 ，讓 加熱就完成的配菜 **再加熱5分鐘**。

以手邊現有的食材和調味料就能製作的簡單組合。
可盡情享受蒸煮後完全入味的美味佳餚。

加熱就完成的主菜

萵苣肉捲

▶ 冷藏4～5天　　冷凍OK

加熱就完成的配菜

酸桔醋蒸油豆腐與豆苗

冷藏4～5天

材料（4餐份）與前置處理作業

牛豬綜合絞肉 … 400g

萵苣 … 6片（180g）

雞蛋 … 1顆

A
｜洋蔥碎末 … ½個份（100g）
｜番茄醬、味醂、醬油
｜　… 各1大匙
｜鹽、粗粒黑胡椒 … 各少許

2 將蛋在調理盆中打散，加入絞肉、A充分
混拌均勻，做成6個短短的圓筒狀，用萵
苣包捲起來。將萵苣肉捲用保鮮膜一一包
好，斜立在耐熱調理盆中。

油豆腐 … 2塊（300g）
　→ 切成2cm的塊狀。

豆苗 … 1袋（250g）
　→ 將長度切成一半。

B
｜酸桔醋醬油 … 3大匙
｜麻油 … 1大匙
｜粗粒黑胡椒 … 少許

1 將油豆腐、豆苗、B放入耐熱調理盆中，
混合攪拌。

將 加熱就完成的配菜 蓋上保鮮膜

使用微波爐
製作時間
TOTAL
25分鐘

將2個調理盆放入微波爐中**加熱
10分鐘**。取出 加熱就完成的配菜 ，讓
加熱就完成的主菜 **再加熱5分鐘**。

以蔬菜作為容器烤出來的2道可愛料理。
很適合放進便當盒裡，外觀也很好看。

加熱就完成的主菜

青椒鑲肉
冷藏4～5天　冷凍OK

加熱就完成的配菜

味噌美乃滋烤香菇
冷藏4～5天　冷凍OK

材料（4餐份）與前置處理作業

牛豬綜合絞肉 … 400g

青椒 … 4個（140g）→ 縱切成一半。

A｜洋蔥碎末 … ½個份（100g）
　｜麵包粉、牛奶 … 各4大匙
　｜鹽、粗粒黑胡椒 … 各少許

麵粉 … 適量

2　在調理盆中放入絞肉、A充分拌勻後，均
　　等地填入撒上一層麵粉的青椒裡。

B｜番茄醬 … 2大匙
　｜味醂、醬油 … 各1大匙

3　在略小的調理盆中放入B混合攪拌。

新鮮香菇 … 8朵（160g）
　→ 切下菇傘，將菇柄切除硬蒂後，再切成碎末。

C｜青蔥蔥花 … 20g
　｜美乃滋 … 2大匙
　｜味噌 … 1大匙

1　將切碎的菇柄、C放入調理盆中充分混拌
　　均勻，均等地填入香菇的菇傘中。

將烤箱預熱至220℃

使用烤箱
製作時間
TOTAL
30分鐘

在烤盤鋪上2張烘焙紙。放上 1。排放上 2
後，在表面塗上 3。用烤箱**烘烤10分鐘**。取
出 加熱就完成的配菜 ，讓 加熱就完成的主菜 **再烤5分鐘**。

使用家裡現有的食材就能快速做好的組合。
罐頭鯖魚咖哩可以淋在飯上，拿來拌義大利麵也非常好吃。
很適合當作午餐或是早午餐。

\ 加熱就完成的主菜 /

如果用罐頭就不需要
前置處理作業。

\ 加熱就完成的配菜 /

使用白蘿蔔製作
也非常好吃。

使用微波爐

製作時間
TOTAL
30分鐘

加熱就完成的主菜
罐頭鯖魚咖哩

▶ 冷藏3～4天　▶ 冷凍OK

加熱就完成的配菜
甜醋煮蕪菁

▶ 冷藏4～5天　▶ 冷凍OK

材料（4餐份）與前置處理作業

水煮鯖魚（罐頭）…**2罐**（380g）

番茄…**2個**（300g）→切成小塊。

茄子…**2條**（160g）→切成5mm的小丁。

洋蔥…**1個**（200g）→切成5mm的小丁。

A | **咖哩粉、橄欖油**…**各1大匙**
  | **鹽**…**少許**

奶油…**20g**

2　在耐熱調理盆中放入**A**混合後，將罐頭鯖
　魚連同汁液一起倒入，再加入奶油、番
　茄、茄子、洋蔥混合攪拌。

蕪菁…**4個**（320g）
　　→削皮後，切成6等分的瓣狀。

B | **醋**…**½杯**
　| **醬油**…**¼杯**
　| **砂糖**…**2大匙**

1　在耐熱調理盆中倒入**B**混合後，放入蕪菁。

分別在調理盆
蓋上保鮮膜

將2個調理盆放入微波爐中**加熱10分鐘**。取出
加熱就完成的配菜，讓加熱就完成的主菜再**加熱10分鐘**。如
果有蔥花的話，可以撒在加熱就完成的配菜上。

想吃「柔軟多汁的日式料理」時，非這道菜莫屬。
只要掌握調味料的運用技巧，就能做出驚人的美味。

蒸煮鮭魚高麗菜

▶冷藏3〜4天　冷凍OK

金平風味紅蘿蔔

冷藏4〜5天　冷凍OK

材料（4餐份）與前置處理作業

新鮮鮭魚切片…**4片**（400g）

高麗菜…**¼個**（300g）→ 切成細絲。

A　｜ 料理酒…**1大匙**
　　｜ 日式麵味露（原液）…**2小匙**
　　｜ 鹽…**少許**

鹽昆布…**20g**

奶油…**20g**

2 在耐熱調理盆中放入鮭魚後灑上 **A**，再依
　 序疊放上高麗菜、鹽昆布、奶油。

紅蘿蔔…**2根**（300g）

　→ 切成4cm長的細絲。

B　｜ 日式麵味露（原液）…**3大匙**
　　｜ 味醂、麻油…**各1大匙**

1 在耐熱調理盆中放入紅蘿蔔後，加入 **B** 混
　 合攪拌。

焙煎白芝麻…**1大匙**

分別在調理盆蓋上保鮮膜

將2個調理盆放入微波爐中**加熱10分鐘**。在 加熱就完成的配菜 撒上白芝麻。

有點時髦的西式風味套餐。很適合帶便當，
也很適合搭配冰涼的白葡萄酒。

加熱就完成的主菜

山葵美乃滋烤鮭魚

▶冷藏 3～4天　▶冷凍OK

加熱就完成的配菜

香草麵包粉烤洋蔥

▶冷藏 3～4天　▶冷凍OK

材料（4餐份）與前置處理作業

新鮮鮭魚切片 … **4片**（400g）

　　洋蔥碎末 … ¼個份（50g）

A　美乃滋 … **4大匙**

　　山葵醬、鹽、胡椒 … 各少許

1　在調理盆中放入**A**混合攪拌。

洋蔥 … **1個**（200g）

　→縱切一半後，再橫切成1㎝的寬條。

　　鯷魚碎末 … 10g

　　切碎的荷蘭芹（乾燥）… **1小匙**

B　麵包粉、橄欖油 … 各**3大匙**

　　鹽、粗粒黑胡椒 … 各少許

2　在調理盆中放入**B**混合攪拌。

將烤箱預熱至220℃

在烤盤鋪上2張烘焙紙。並排放上
洋蔥後擺放上 **2**。放上鮭魚後擺
放上 **1**。用烤箱**烘烤10分鐘**。取
出 加熱就完成的配菜 ，讓 加熱就完成的主菜 再
烤5分鐘。

2種大家最喜歡的炸物。放在白飯上十分美味，也很適合做成酥炸白肉魚天婦羅漢堡＋薯條便當。

加熱就完成的主菜

酥炸白肉魚天婦羅

▶ 冷藏4～5天　▶ 冷凍OK

加熱就完成的配菜

吮指回味炸薯條

▶ 冷藏4～5天

材料（4餐份）與前置處理作業

白肉魚魚漿 … **150g**

洋蔥 … ½個（100g）→ 縱切成薄片。

紅蘿蔔 … ¼根（80g）→ 切成4㎝長的細絲。

青椒 … 2個（70g）→ 縱切成細絲。

A
麵粉 … **50g**
水 … **70㎖**
美乃滋 … **1大匙**
鹽 … **½小匙**

1 在調理盆中倒入 **A** 混合。放入白肉魚、洋蔥、紅蘿蔔、青椒，繼續混合攪拌。

麻油 … 適量

馬鈴薯 … **3個**（450g）

→ 切成寬5㎜的棒狀。

B
切碎的荷蘭芹（乾燥）… **少許**
西式風味高湯粉（顆粒）… **1小匙**
橄欖油 … **3大匙**
鹽、粗粒黑胡椒 … **各少許**

▼

將烤箱預熱至220℃

使用烤箱
製作時間
TOTAL
35分鐘

在烤盤鋪上2張烘焙紙。用2根湯匙舀取 1，在烤盤上做出8個直徑5㎝的圓形，淋上麻油。將馬鈴薯放到烤盤上，淋上 **B**。放入烤箱中**烘烤20分鐘**。

將日式與西式風味完美融合的2道菜餚。
因為是很健康的料理，大量食用也沒關係。

加熱就完成的主菜

沙丁魚漢堡排

▶ 冷藏3～4天　　冷凍OK

加熱就完成的配菜

蒜香培根高麗菜

冷藏4～5天　　冷凍OK

材料（4餐份）與前置處理作業

沙丁魚魚漿 … 400g

雞蛋 … 1顆

青紫蘇葉 … 4片 → 去除葉片的梗。

A
　洋蔥碎末 … ¼個份（50g）
　紅薑碎末 … 10g
　片栗粉、料理酒 … 各2大匙

2　將蛋在調理盆中打散，加入沙丁魚和A充
　分混合攪拌。分成4等分後整成圓形，在表
　面貼上青紫蘇葉。

B　味醂、醬油 … 各2大匙

3　在耐熱調理盆中放入肉餅，淋上B的醬汁。

培根 … 2片（40g）
　→ 切成5mm寬。

高麗菜 … ¼個（300g）
　→ 切成2cm寬的片狀。

C
　切成小圓片的紅辣椒 … 1根份
　蒜泥 … 1小匙
　鹽 … ¼小匙
　橄欖油 … 1大匙
　粗粒黑胡椒 … 少許

1　在耐熱調理盆中放入培根、高麗菜和
　C，充分混合攪拌。

分別在調理盆蓋上保鮮膜

使用微波爐
製作時間
TOTAL
25分鐘

將2個調理盆放入微波爐中加熱
10分鐘。取出 加熱就完成的配菜 ，讓
加熱就完成的主菜 再加熱5分鐘。

做成一口尺寸吃起來很方便，裝便當也很容易。
充滿濃濃西式風味的料理組合。

加熱就完成的主菜

西式風味炸蝦

▶冷藏3～4天　▶冷凍OK

加熱就完成的配菜

千層櫛瓜與茄子

▶冷藏4～5天　▶冷凍OK

材料（4餐份）與前置處理作業

蝦子 … **8尾**（160g）
　　→ 剝殼後去除蝦子背部的腸泥，從腹部處劃開。

小分量起司塊（圓形）… **8個**（80g）

A｜**鹽、粗粒黑胡椒** … **各少許**

3　將蝦子攤平後，均等地放上起司塊包捲起來，用牙籤固定後撒上 A。

B｜**雞蛋** … **1顆**
　｜**水** … **1大匙**

C｜**麵包粉** … **5大匙**
　｜**橄欖油** … **3大匙**

4　在調理盆中放入 B、在淺盤中放入 C 混合。

麵粉 … **4大匙**

櫛瓜 … **1條**（200g）→ 切成1cm厚的圓片。
茄子 … **2條**（160g）→ 切成1cm厚的圓片。
火腿 … **4片**（40g）→ 切成4等分。

1　將茄子、火腿、櫛瓜各取一片，用牙籤串起來。

雞蛋 … **1顆**

D｜**羅勒**（乾燥）… **少許**
　｜**麵粉** … **2大匙**
　｜**鹽、粗粒黑胡椒** … **各少許**

2　將蛋在調理盆中打散，加入 D 混合攪拌。

將烤箱預熱至220℃

使用**烤箱**

製作時間
TOTAL
30分鐘

在烤盤鋪上2張烘焙紙。將 1 沾上 2 後放到烤盤上。將 3 撒上麵粉、裹上 B 的蛋液，再沾上 C 的麵衣後放上烤盤。放入烤箱中**烘烤15分鐘**。

樸實的鹽味拌炒料理＋甜辣風味燉煮料理的組合。
營養和味道都非常均衡。

加熱就完成的主菜

西洋芹炒花枝

▶ 冷藏3～4天　冷凍OK

加熱就完成的配菜

中式香辣南瓜

冷藏4～5天　冷凍OK

材料（4餐份）與前置處理作業

花枝的軀幹（選比較厚實的）… **200g**
→ 切成1cm寬。

西洋芹 … **1根**（100g）
→ 撕去西洋芹的粗纖維，切成長5cm、寬1cm的小
段。葉片則大略切塊。

A
橄欖油、料理酒 … 各**1大匙**
鹽 … **¼小匙**
粗粒黑胡椒 … **少許**

2 在耐熱調理盆中放入花枝、西洋芹、A，混
合攪拌。

南瓜 … **350g**（淨重300g）
→ 適度削除南瓜皮後，切成3cm的塊狀。

B
水 … **¼杯**
醬油 … **2小匙**
砂糖 … **1小匙**
豆瓣醬 … **1小匙**
雞高湯粉（顆粒）… **½小匙**

1 在耐熱調理盆中倒入B混拌。放入南瓜後
繼續混合。

分別在調理盆蓋上保鮮膜

使用**微波爐**

製作時間
TOTAL
25分鐘

將2個調理盆放入微波爐中**加熱**
15分鐘。

韓式風味的套餐組合。只要放入白飯和這些料理，
就能馬上做好顏色漂亮且分量十足的便當。
也很適合在喝啤酒或威士忌蘇打調酒時拿來當下酒菜。

\加熱就完成的主菜/

超級清脆！
美味且口感豐富。

\加熱就完成的配菜/

用味道濃郁的味噌
來進行調味。

使用微波爐

製作時間
TOTAL
25分鐘

香辣綠豆芽蒸蛋

▶ 冷藏3～4天

材料（4餐份）與前置處理作業

雞蛋… **4顆**

綠豆芽… **1袋**（250g）
→ 放入網篩洗淨後，瀝乾水分。

A
韓式辣椒醬、麻油… **各1大匙**
雞高湯粉（顆粒）… **1小匙**

2 在耐熱容器中放入綠豆芽，加入事先混合好的A混拌。將蛋打入綠豆芽中，用牙籤在蛋黃處戳出小洞。

青蔥蔥花… **適量**

味噌風味
韓式炒冬粉

▶ 冷藏4～5天

豬絞肉… **50g**

冬粉… **50g**→將長度切成一半。

紅蘿蔔… **½根**（80g）→切成4cm長的細絲。

青蔥… **50g**→將長度切成5cm。

B
水… **3大匙**
味噌、味醂… **各2大匙**
麻油… **1大匙**
雞高湯粉（顆粒）… **1小匙**

1 在耐熱調理盆中倒入B混合，把冬粉放在最下方，再加入絞肉、紅蘿蔔、青蔥。

將耐熱容器與調理盆
蓋上保鮮膜

將2個容器放入微波爐中**加熱13分鐘**。取出 加熱就完成的主菜 ，讓
加熱就完成的配菜 **再加熱2分鐘**。在 加熱就完成的主菜 撒上青蔥。

只要放進便當中，肯定很吸引人。
也很適合當作假日的早午餐或用來招待客人。

加熱就完成的主菜

吐司鹹派
▶冷藏3～4天　▶冷凍OK

加熱就完成的配菜

辛香料烤根莖蔬菜
▶冷藏4～5天　▶冷凍OK

材料（4餐份）與前置處理作業

雞蛋…4顆

吐司（8片裝）…2片→滾動擀麵棍把吐司擀平。

生火腿…8片（40g）

水芹（或是製作沙拉用的菠菜）…50g
　→將長度切成3cm。

A │ 牛奶…120㎖
　│ 西式風味高湯粉（顆粒）…1小匙
　│ 鹽、粗粒黑胡椒…各少許

奶油…適量

披薩用起司絲…適量

1　將蛋在調理盆中打散，加入A混合攪拌。在
　　琺瑯材質的耐熱容器內側塗上一層奶油，鋪
　　入吐司。放上生火腿和水芹後倒入蛋液，撒
　　上披薩用起司絲。

蓮藕…100g
　→切成5mm厚的半圓形。

紅蘿蔔…大½根（100g）
　→切成5mm厚的半圓形。

南瓜…120g（淨重100g）
　→切成5mm厚的瓣狀。

B │ 羅勒（乾燥）…少許
　│ 橄欖油…3大匙
　│ 鹽…½小匙
　│ 粗粒黑胡椒…少許

使用烤箱
製作時間
TOTAL
25分鐘

將烤箱預熱至220℃

在烤盤鋪上一張烘焙紙，放上蓮藕、紅蘿蔔、
南瓜後，淋上B。在空出來的半邊放上琺瑯容
器。用烤箱烘烤15分鐘。

味道完全滲透到食材裡的料理組合。
搭配白飯的話，非常下飯。

加熱就完成的主菜

雞蛋豆皮福袋

▶ 冷藏3～4天　冷凍OK

加熱就完成的配菜

蠔油煮白蘿蔔薩摩炸魚板

▶ 冷藏4～5天　冷凍OK

材料（4餐份）與前置處理作業

雞蛋…4顆

油豆皮…2片（60g）
→ 澆淋熱水去除油分，切成一半後打開成袋狀。

1 各在一片油豆皮中打入一顆蛋，切口處用牙籤以縫合般的方式固定。

A
| 水…4大匙
| 醬油…1大匙
| 味醂、砂糖…各2小匙
| 和風高湯粉（顆粒）…1小匙

2 在耐熱調理盆中倒入A混合後，放入打入雞蛋的豆皮福袋。

薩摩炸魚板…2片（80g）
→ 切成4等分。

白蘿蔔…¼條（250g）
→ 切成1cm厚的扇形片。

B
| 料理酒、味醂、醬油…各1大匙
| 蠔油、麻油…各1小匙
| 雞高湯粉（顆粒）…½小匙

3 在耐熱調理盆中倒入B混合後，放入薩摩炸魚板和白蘿蔔。

分別在調理盆蓋上保鮮膜

使用微波爐

製作時間
TOTAL
25分鐘

將2個調理盆放入微波爐中**加熱**
10分鐘。

方便食用的一口大小，外觀看起來也很可愛的料理組合。
以滋味溫和的主菜搭配風味甘甜、可以享受口感的配菜。
很適合當作零嘴或是下酒菜。

\加熱就完成的主菜/

加入羊栖菜、紅薑，
以及香菇。

\加熱就完成的配菜/

充滿玉米的
鮮味與甜味。

使用烤箱

製作時間
TOTAL
35分鐘

鬆軟豆腐餅

▶ 冷藏4～5天

玉米天婦羅

▶ 冷藏4～5天　▶ 冷凍OK

材料（4餐份）與前置處理作業

板豆腐…1塊（300g）
　→ 放入耐熱調理盆中，不需蓋上保鮮膜，直接放
　　入微波爐中加熱3分鐘，擦乾水分。

羊栖菜（乾燥）…5g
　→ 泡水15分鐘還原後，瀝乾水分。

紅薑…20g
　→ 切成碎末。

新鮮香菇（2朵）（40g）
　→ 切除菇柄後，切成碎末。

雞蛋…1顆

A
　片栗粉…3大匙
　料理酒…1大匙
　醬油…1小匙
　鹽…½小匙

麻油…適量

2 在裝有豆腐的調理盆中打入雞蛋，加入羊
　栖菜、紅薑、香菇、A充分拌勻。

玉米粒（罐頭）…1小罐（65g）
　→ 瀝乾湯汁。

B
　麵粉…4大匙
　水…3大匙
　橄欖油…2大匙
　咖哩粉…1小匙
　鹽…少許

1 將玉米粒放入調理盆中，加入B混拌。

將烤箱預熱至
220℃

在烤盤鋪上2張烘焙紙。用湯
匙舀取 2，在烤盤上做出8個
直徑4㎝的圓形，淋上麻油。
用另一支湯匙舀取 1，在烤盤
上做出8個直徑4㎝的圓形。放
入烤箱中**烘烤20分鐘**。

雖然非常簡單樸實，一口咬下去卻充滿了鮮味。
可以享受中式與西式2種風味。

中式油豆腐煮鴻喜菇

▶ 冷藏3～4天

鰻魚炒蕪菁

冷藏4～5天　　冷凍OK

材料（4餐份）與前置處理作業

油豆腐 … **2塊**（300g）→ 切成2cm的塊狀。

鴻喜菇 … **1包**（100g）→ 切除硬蒂後剝散。

A
蠔油、醬油、麻油 … **各1大匙**
砂糖 … **½小匙**

2 在耐熱調理盆中倒入**A**混合後，放入油豆腐、鴻喜菇混拌。

蕪菁 … **4個**（320g）
　→ 去皮後，切成6等分的瓣狀。

鰻魚 … **15g**→ 大略切碎。

B
切碎的荷蘭芹（乾燥）… **少許**
橄欖油 … **2大匙**
鹽、粗粒黑胡椒 … **各少許**

1 在耐熱調理盆中放入蕪菁、鰻魚、**B**，混合攪拌。

↓

分別在調理盆蓋上保鮮膜

使用**微波爐**
製作時間
TOTAL
20分鐘

將2個調理盆放入微波爐中**加熱10分鐘**。

能夠充分享受食材美味的料理。
煮成咖哩也很適合用來拌烏龍麵或義大利麵。

加熱就完成的主菜

辛香料炒黃豆
▶冷藏4～5天　冷凍OK

加熱就完成的配菜

蒜香青江菜與馬鈴薯
冷藏4～5天

材料（4餐份）與前置處理作業

蒸黃豆（罐頭）… **100g**

紅蘿蔔 … **½根**（80g）→ 切成5mm的小丁。

新鮮香菇 … **5朵**（100g）→ 切成5mm的小丁。

A
橄欖油 … **2大匙**
咖哩粉 … **1大匙**
鹽、粗粒黑胡椒 … 各少許

2　在耐熱調理盆中放入黃豆、紅蘿蔔、香菇、A混拌。

青江菜 … **1袋**（300g）→ 將長度切成4cm。

馬鈴薯 … **2個**（300g）
　　→ 切成6～8等分的一口大小。

B
蒜泥 … **1小匙**
橄欖油 … **1大匙**
鹽、粗粒黑胡椒 … 各少許

1　在耐熱調理盆中放入青江菜、馬鈴薯、B混拌。

分別在調理盆蓋上保鮮膜

將2個調理盆放入微波爐中**加熱15分鐘**。

使用微波爐
製作時間
TOTAL
25分鐘

可愛又美味的點綴。
填滿便當空隙的食材集

「我的便當看起來好普通」、「好像少了一些什麼」，在這些時候都能派上用場。
配色和形狀都很可愛，看起來非常吸引人（材料皆為4餐份）！

Cute!

稍微
加點東西！

便當出現空隙的時候只要加上一點食材，瞬間就會變得
很豐富。

將鵪鶉蛋用紅紫蘇粉、咖哩液醃漬。

彩色蛋

▶ 冷藏4～5天

在調理盆中倒入1大匙咖哩粉、1杯熱水混合後，放入4顆水煮鵪鶉蛋。在另一個調理盆中倒入1大匙紅紫蘇粉和1杯熱水混合後，放入4顆水煮鵪鶉蛋。分別浸泡15分鐘以上。

只要放上鴻喜菇的菇傘就完成了。

橡實香腸

▶ 冷藏4～5天　▶ 冷凍OK

將2根維也納香腸分別切成一半後，取4朵鴻喜菇的菇傘放到香腸上，插上牙籤固定。放在耐熱盤中，蓋上保鮮膜後放入微波爐中加熱1分鐘。

只用竹輪也能做出這麼有趣的造型。

連環竹輪

▶ 冷藏4～5天　▶ 冷凍OK

將一根竹輪的長度切成8等分，取一半的分量切開。分成兩兩一組，將切開的竹輪穿過沒有切開的竹輪。

讓粉紅色的魚板可愛大變身。

魚板玫瑰花

▶ 冷藏4～5天

切出4片1cm厚的粉紅色魚板，在正中央劃一道切口。再切出4片2mm厚的魚板，捲起來後塞到1cm厚的魚板切口中。將小黃瓜切出8片小小的扇形裝飾。

用蟹味棒做出蘋果的果肉。

魚肉香腸＆蟹味棒蘋果

▶ 冷藏4～5天　▶ 冷凍OK

將2根魚肉香腸分別用削皮刀縱向削出2片細長薄片，共計4片。將4根蟹味棒的長度切成一半。用1片魚肉香腸把2塊蟹味棒包捲起來，插進小叉子固定，每一組各放上4粒焙煎黑芝麻（共16粒）。

只要將維也納香腸劃出切口就完成了。

外星人香腸

▶ 冷藏4～5天　▶ 冷凍OK

在4根維也納香腸的一側由3處切開，並在頭部、嘴巴處劃出切口。接著在眼睛處挖出小孔，各塞入2粒焙煎黑芝麻（共8粒）。

也很適合附在三明治或義大利麵便當裡。

花朵火腿

▶ 冷藏4～5天　▶ 冷凍OK

將4片火腿折成一半，邊緣留下約2cm，每間隔5mm就切開。切好後捲成花朵狀。

光看外觀就讓人覺得內心溫暖。

愛心煎蛋捲

▶ 冷藏4～5天　▶ 冷凍OK

切出4片1cm厚的煎蛋捲，再分別斜切成一半，取2片組合起來做成心形。

南瓜糰子

▶ 冷藏4～5天　▶ 冷凍OK

將南瓜去皮，取200g的果肉切成2cm的塊狀，放入耐熱調理盆中，蓋上保鮮膜後放入微波爐中加熱5分鐘。加入1大匙日式麵味露（原液）後搗碎，分成4等分並用保鮮膜塑形成糰子。

毛豆串

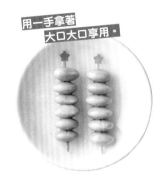

▶ 冷藏3～4天　▶ 冷凍OK

取24顆水煮毛豆，在每根小叉子插上6顆。

梅花紅蘿蔔

▶ 冷藏4～5天　▶ 冷凍OK

將紅蘿蔔切出4片1cm厚的圓片，用模具壓出梅花狀。在花瓣的交界處斜斜地劃入切痕並削掉少許紅蘿蔔的肉。放入耐熱盤中，蓋上保鮮膜後用微波爐加熱1分鐘。

風車小黃瓜

▶ 冷藏4～5天

切出4塊5cm長的小黃瓜。用刀子在切口表面刻出6道V字形。

小番茄夾起司

▶ 冷藏3天

取4個小番茄切除蒂頭後，橫切成一半。將2塊起司的長度切成一半，夾入小番茄中，再插入小叉子固定。

青花菜花束

▶ 冷藏3～4天

取4小朵青花菜放在耐熱盤上，蓋上保鮮膜後放入微波爐中加熱1分鐘。用4片火腿分別把青花菜包捲起來，擠入美乃滋後用牙籤固定。

櫻桃蘿蔔
手鞠球

▶ 冷藏4～5天

取4個櫻桃蘿蔔去除莖部，用刀子刻出花紋。

格子蘋果

▶ 冷藏3天　▶ 冷凍OK

取一個蘋果切成8等分的瓣狀，去除蒂頭和芯，浸泡一下鹽水後瀝乾水分。每間隔5mm就削去果皮，做出格子圖案。

\\ 只用一個平底鍋 //
就能快速做好

煮熟就完成的

主菜

這個單元將介紹用平底鍋煎烤、拌炒、油炸
製作而成的超省時推薦料理。

「一看就懂」的食材組合與搭配調味料的訣竅也是非看不可。

不論哪一道料理都能在15分鐘內完成。

請充分利用冰箱裡的食材或是手邊現有的調味料做做看吧！

＋醃漬10分鐘

製作時間
TOTAL
10分鐘

番茄汁的酸味和甜味正是美味的祕訣。

甜辣雞肉

▶ 冷藏4～5天　▶ 冷凍OK

材料（4餐份）與前置處理作業

雞腿肉 … 2片（600g）
→ 切成3cm的塊狀，加入2大匙料理酒和少許鹽揉捏後，
　 醃漬10分鐘。

A
麻油 … 1大匙
薑泥 … 1小匙
長蔥碎末 … 1根份（100g）
豆瓣醬 … 2小匙

B
番茄汁（無鹽）… 1又½杯
甜酒 … ½杯 ＊
蠔油 … 4大匙
片栗粉 … 2大匙

＊ 也可以將3大匙砂糖、5大匙料理酒混合後使用。

⬇

在平底鍋中倒入A以中小火加熱，開始產生香氣後，
放入雞肉煎至變得酥脆為止。加入事先混合好的B，
邊煮邊裹滿雞肉。

製作時間
TOTAL
10分鐘

梅肉清爽的酸味更能襯托出美乃滋的濃醇。

照燒美乃滋雞肉

▶ 冷藏3～4天

材料（4餐份）與前置處理作業

雞胸肉 … 2片（600g）
→ 從中間片開後，切成4等分。

梅乾 … 1個
→ 去籽後，用菜刀把梅乾拍碎，準備10g。

麻油 … 1大匙

A
味醂、料理酒、醬油 … 各3大匙
砂糖 … 1大匙

美乃滋 … 2大匙

⬇

在平底鍋中倒入麻油加熱，將雞肉帶皮的那面朝下，
以中小火煎熟。煎至上色後翻面，蓋上鍋蓋以小火蒸
烤2～3分鐘。倒入事先混合好的A裹滿雞肉。加入梅
肉、美乃滋後繼續混拌，如果有青紫蘇葉的話，可以
撕碎撒上。

在事前調味時用了烤肉沾醬，醃漬得入味又美味。

香煎多汁翅小腿

▶ 冷藏4～5天　▶ 冷凍OK

材料（4餐份）與前置處理作業

翅小腿 … **8根**（480g）
→ 沿著骨頭處劃入切口，用4大匙烤肉沾醬、少許胡椒
　裹滿後醃漬10分鐘，再撒上適量的麵粉。

橄欖油 … **4大匙**

⬇

在平底鍋中倒入橄欖油以中小火加熱，放入翅小腿一
邊翻動，一邊以半煎炸的方式煎至上色。

+醃漬10分鐘

製作時間
TOTAL
5分鐘

+醃漬10分鐘

製作時間
TOTAL
10分鐘

充滿鮮味的深邃滋味。非常下飯的料理。

韓式辣炒起司雞

▶ 冷藏4～5天　▶ 冷凍OK

材料（4餐份）與前置處理作業

雞腿肉 … **2片**（600g）
→ 切成一口大小，加入2小匙蒜泥，各4大匙的韓式辣椒
　醬、醬油、料理酒、甜酒*與1大匙麻油揉捏後，醃漬
　10分鐘。

高麗菜 … **½個**（600g）
→ 切成2㎝寬的片狀。

長蔥 … **1根**（100g）
→ 斜切成薄片。

麻油 … **1大匙**

披薩用起司絲 … **100g**

＊也可以使用1大匙砂糖＋3大匙料理酒。

⬇

在平底鍋中倒入麻油以中火加熱，放入雞腿肉、高麗
菜、長蔥拌炒。待整體都沾附上油脂後關火，撒上起
司絲，並蓋上鍋蓋讓起司融化。

最後步驟勾芡，讓美味更加凝縮。

甜椒炒肉絲

▶ 冷藏3～4天　▶ 冷凍OK

材料（4餐份）與前置處理作業

豬邊角肉⋯**400g**
　→以各少許的鹽、料理酒與1大匙片栗粉揉捏入味。

甜椒（紅色、黃色）⋯**各1個**（各150g）
　→縱切成細絲。

水煮竹筍⋯**300g**
　→切成5cm長的細絲。

A｜蒜泥⋯1小匙
　｜麻油⋯2大匙

B｜醬油、料理酒、蠔油⋯各3大匙
　｜砂糖⋯1大匙
　｜片栗粉⋯2小匙

在平底鍋中倒入A以中小火加熱，放入豬肉、甜椒、竹筍拌炒。炒至豬肉變色後，加入事先混合好的B煮至整體裹滿醬汁。

製作時間 TOTAL 10分鐘

裹上味噌的濃郁風味與甜味。

名古屋風味味噌豬排

▶ 冷藏4～5天　▶ 冷凍OK

材料（4餐份）與前置處理作業

豬里肌肉⋯**2大片**（300g）
　→切斷豬肉的筋後，撒上各少許的鹽和粗粒黑胡椒。
　　再依序沾上適量的麵粉、加入水的蛋液、麵包粉做出麵衣。

橄欖油⋯**4大匙**

A｜紅味噌、料理酒、味醂⋯各3大匙
　｜砂糖⋯1大匙

在平底鍋中倒入橄欖油以中火加熱，放入豬肉將兩面炸熟。擦拭鍋中剩餘的油脂後，加入事先混合好的A讓豬肉快速裹上醬汁。

製作時間 TOTAL 15分鐘

滋味清爽的肉捲，不論何時吃都美味。

梅肉紫蘇豬肉捲

▶ 冷藏3～4天　▶ 冷凍OK

材料（4餐份）與前置處理作業

豬腿肉薄片 … **12片**（240g）

梅乾 … **6個**
→ 去籽後，用菜刀把梅乾拍碎，準備60g。

青紫蘇葉 … **12片**
→ 去除葉片的梗後，放在鋪平的豬肉片上，塗抹梅肉包捲起來。撒上各少許的鹽和粗粒黑胡椒。

麻油 … **1大匙**

在平底鍋中倒入麻油以中火加熱，將梅肉紫蘇豬肉捲的收口處朝下放入鍋中。一邊翻動一邊煎至整體上色後，蓋上鍋蓋以小火再蒸烤2分鐘。

製作時間
TOTAL
10分鐘

將食材切成小塊是方便裝便當的祕訣。

骰子糖醋豬肉

▶ 冷藏4～5天　▶ 冷凍OK

材料（4餐份）與前置處理作業

豬里肌肉（炸豬排用）… **4片**（480g）
→ 切成1.5㎝的小塊，以1小匙薑泥、各2大匙的料理酒與片栗粉揉捏入味。

青椒 … **4個**（140g）
→ 切成1.5㎝的小塊。

洋蔥 … **1個**（200g）
→ 切成1.5㎝的小塊。

麻油 … **2大匙**

A
| **醋** … **6大匙**
| **番茄醬** … **4大匙**
| **醬油** … **2大匙**
| **砂糖、片栗粉** … **各1大匙**
| **雞高湯粉**（顆粒）… **1小匙**

在平底鍋中倒入麻油以中火加熱，放入豬肉、青椒、洋蔥拌炒。炒至豬肉變色後，加入事先混合好的A煮至整體裹滿醬汁。

製作時間
TOTAL
15分鐘

甜甜鹹鹹的滋味。做成蓋飯便當也很美味。

蠔油炒牛肉青江菜

▶ 冷藏3～4天　▶ 冷凍OK

材料（4餐份）與前置處理作業

牛邊角肉 … **200g**
　→ 較大塊的肉要切成方便食用的大小。

青江菜 … **1把**（300g）
　→ 將長度切成5㎝。

麻油 … **1大匙**

A｜蒜泥 … **1小匙**
　｜料理酒、醬油、蠔油 … **各1大匙**

⬇

在平底鍋中倒入麻油以中火加熱，放入牛肉、青江菜拌炒，炒至牛肉變色後，加入事先混合好的**A**讓整體裹滿醬汁。

製作時間
TOTAL
5分鐘

最適合配飯的美味。撒上滿滿的芝麻享用吧。

甜鹹牛肉牛蒡捲

▶ 冷藏4～5天　▶ 冷凍OK

材料（4餐份）與前置處理作業

牛腿肉薄片 … **12片**（240g）

牛蒡 … **1根**（150g）
　→ 用鬃刷把牛蒡洗淨後切成5㎝長，再切成4等分。均
　　等地放到牛肉片上包捲起來，撒上1大匙麵粉。

麻油 … **1大匙**

A｜薑泥 … **1小匙**
　｜醬油 … **2大匙**
　｜料理酒、味醂 … **各1大匙**
　｜砂糖 … **1小匙**

焙煎白芝麻 … **1大匙**

⬇

在平底鍋中倒入麻油以中火加熱，將牛肉牛蒡捲的收口處朝下放入鍋中。一邊翻動一邊煎至整體上色後，蓋上鍋蓋以小火再煎2分鐘。加入事先混合好的**A**裹滿醬汁，最後撒上白芝麻。

製作時間
TOTAL
10分鐘

大蒜與奶油產生出強烈的風味。

骰子牛排

▶ 冷藏4～5天　▶ 冷凍OK

材料（4餐份）與前置處理作業

牛排肉 … **400g**
→ 切成1.5cm的小塊，撒上各少許的鹽和粗粒黑胡椒。

蒜片 … **1瓣份**

橄欖油 … **1大匙**

A
| 醬油 … **3大匙**
| 酒 … **1大匙**
| 奶油 … **10g**

在平底鍋中倒入橄欖油與蒜片以中火加熱，炒出香氣後放入牛肉，將整體煎過。接著加入A讓所有牛肉裹滿醬汁。

製作時間
TOTAL
7分鐘

用來拌水煮義大利麵或配麵包都很適合。

西式燉牛肉

▶ 冷藏4～5天　▶ 冷凍OK

材料（4餐份）與前置處理作業

牛邊角肉 … **200g**
→ 較大塊的肉要切成方便食用的大小，撒上¼小匙的鹽、少許粗粒黑胡椒，再沾裹上2大匙的麵粉。

洋蔥 … **1個**（200g）
→ 縱切一半，再橫切成5mm寬。

蘑菇 … **1包**（100g）
→ 切成薄片。

番茄 … **1個**（150g）
→ 切成小塊。

橄欖油 … **1大匙**

A｜番茄醬、伍斯特醬 … 各3大匙

在平底鍋中倒入橄欖油以中火加熱，放入牛肉、洋蔥、蘑菇、番茄拌炒。等蔬菜類變軟後加入A，一邊攪拌一邊再煮5分鐘。

製作時間
TOTAL
15分鐘

番茄醬＋伍斯特醬做出美味的絕品醬汁。

燉煮漢堡排

▶冷藏4～5天　▶冷凍OK

材料（4餐份）與前置處理作業

牛豬綜合絞肉 … 200g

A
- 洋蔥碎末 … ½個份（100g）
- 蛋液 … ½顆份
- 麵包粉 … 30g
- 鹽 … ½小匙
- 粗粒黑胡椒 … 少許

→ 在調理盆中放入絞肉，加入A充分混合攪拌，分成4等分後整成圓形。

橄欖油 … 1大匙

B
- 水 … ½杯
- 紅酒 … ¼杯
- 番茄醬、伍斯特醬、砂糖 … 各1大匙
- 醬油 … 1小匙

奶油 … 10g

在平底鍋中倒入橄欖油以中火加熱，放入肉餅後煎至兩面上色。加入混合好的B和奶油。以小火煮10分鐘，如果有荷蘭芹的話，最後可以撒上。

將滋味高雅的雞肉丸子用海苔包起，增添大海的香氣。

雞肉磯邊捲

▶冷藏3～4天　▶冷凍OK

材料（4餐份）與前置處理作業

雞絞肉 … 200g

A
- 洋蔥碎末 … ½個份（100g）
- 片栗粉 … 2小匙

→ 在調理盆中放入絞肉，加入A充分混合攪拌，分成8等分後整成圓形。

烤海苔（大片）… 1片 → 剪成8等分，把肉餅包起來。

麻油 … 1大匙

B｜料理酒、味醂、醬油 … 各1大匙

在平底鍋中倒入麻油以中火加熱，放入肉餅後煎至兩面上色。轉小火並蓋上鍋蓋，蒸烤5分鐘。加入事先混合好的B讓整體裹滿醬汁。

起司粉濃郁的鮮味讓美味度倍增。

櫛瓜培根捲

▶ 冷藏3～4天　▶ 冷凍OK

材料（4餐份）與前置處理作業

培根 … 4片

櫛瓜 … 1條（200g）

→ 切成5cm長後，再切成6等分。在培根的一端放上櫛
瓜後包捲起來，用牙籤固定。

A | 起司粉 … 1小匙
| 鹽、粗粒黑胡椒 … 各少許

開中小火加熱平底鍋，放入櫛瓜培根捲一邊翻動一邊
煎熟。煎至上色後撒上A。

製作時間
TOTAL
10 分鐘

將萵苣切成和培根一樣的長度，把2種食材一起捲起來。

萵苣培根捲

▶ 冷藏3～4天　▶ 冷凍OK

材料（4餐份）與前置處理作業

培根 … 8片

萵苣 … 4片（60g）

→ 切成和培根一樣的長度與寬度。平均地放到培根上，
從培根的一端開始捲起，用牙籤固定。

A | 薑泥 … 1小匙
| 味醂、醬油 … 各1大匙

開中小火加熱平底鍋，放入萵苣培根捲一邊翻動一邊
煎熟。煎至上色後，加入事先混合好的A讓整體裹滿
醬汁。

製作時間
TOTAL
10 分鐘

+醃漬10分鐘

製作時間
TOTAL
15分鐘

咖哩粉的辛辣氣味和醬油的香氣讓人欲罷不能。

嫩煎咖哩鱈魚

▶冷藏3～4天　▶冷凍OK

材料（4餐份）與前置處理作業

新鮮鱈魚切片⋯4片（400g）
→將長度切成一半，加入各1小匙的料理酒、咖哩粉、醬油，再撒上各少許的鹽和粗粒黑胡椒，裹滿魚肉後靜置10分鐘。擦乾水分。

片栗粉⋯2大匙
→將鱈魚整體裹上片栗粉。

橄欖油⋯2大匙

在平底鍋中倒入橄欖油以中火加熱，放入鱈魚以半煎炸的方式把兩面煎熟。

製作時間
TOTAL
20分鐘

請試試看加入柴漬做成的特製塔塔醬。

酥炸竹筴魚

▶冷藏3～4天　▶冷凍OK

材料（4餐份）與前置處理作業

竹筴魚⋯2尾（300g）
→將竹筴魚切成3片後，撒上各少許的鹽和粗粒黑胡椒。再依序沾上適量的麵粉、加入少許水的蛋液、麵包粉做出麵衣。

橄欖油⋯4大匙

A
| 切碎的水煮蛋⋯1顆份 |
| 粗略切碎的柴漬⋯30g |
| 美乃滋⋯4大匙 |

在平底鍋中倒入橄欖油以中火加熱，放入竹筴魚以半煎炸的方式把兩面炸熟。將混合好的A放入容器中一起附上。

用柳葉魚簡單地做出入味菜餚。

柳葉魚南蠻漬

▶ 冷藏3～4天　▶ 冷凍OK

材料（4餐份）與前置處理作業

柳葉魚 … 12尾（240g）
　→ 抹上適量的片栗粉。

洋蔥 … ½個（100g）
　→ 橫切成薄片。

紅蘿蔔 … ⅓根（50g）
　→ 切成4cm長的細絲。

麻油 … 4大匙

A
┃ **醋 … 4大匙**
┃ **味醂、醬油 … 各2大匙**
┃ **砂糖 … 2小匙**

在平底鍋中倒入麻油加熱，放入柳葉魚把兩面煎至上色。在平底鍋空出來的位置放入洋蔥、紅蘿蔔拌炒。待整體都沾附上油脂後，加入混合好的A讓整體裹滿醬汁。

製作時間
TOTAL
10分鐘

用加入美乃滋的麵衣把章魚炸出Q彈口感。

青海苔風味炸章魚

▶ 冷藏3～4天　▶ 冷凍OK

材料（4餐份）與前置處理作業

水煮章魚腳 … 200g
　→ 切成一口大小。

A
┃ **水 … 2大匙**
┃ **青海苔粉 … 1大匙**
┃ **薑泥 … 1小匙**
┃ **麵粉 … 3大匙**
┃ **美乃滋 … 1小匙**
┃ **鹽 … 少許**
　→ 放入調理盆中充分混合，製作麵衣。

麻油 … 4大匙

在平底鍋中倒入麻油以中火加熱，把沾裹好麵衣的章魚放入鍋中，以半煎炸的方式炸熟。

製作時間
TOTAL
5分鐘

煮熟就完成的主菜

海鮮

85

外皮酥脆、內餡鬆軟。鮭魚的鮮味和鹹味產生絕妙美味。

鮭魚馬鈴薯可樂餅

▶冷藏3～4天　▶冷凍OK

材料（4餐份）與前置處理作業

碎鮭魚肉…50g

馬鈴薯…2個（300g）
→切成2cm的塊狀放入耐熱調理盆中，蓋上保鮮膜後放入微波爐中加熱5分鐘，取出搗碎。

A
美乃滋…1大匙
粗粒黑胡椒…少許
→在裝有馬鈴薯的調理盆中，放入碎鮭魚肉和A混合。分成4等分後整成橢圓形，依序沾上適量的麵粉、加入水的蛋液、麵包粉做出麵衣。

橄欖油…4大匙

在平底鍋中倒入橄欖油以中火加熱，放入可樂餅以半煎炸的方式把兩面炸熟。

製作時間
TOTAL
15分鐘

因為採用簡單的調理方式，更能品嚐到食材的美味。

蒜香奶油蝦

▶冷藏3～4天　▶冷凍OK

材料（4餐份）與前置處理作業

蝦子…12尾（240g）
→從蝦子背部劃開，取出腸泥。

A
羅勒（乾燥）…½小匙
蒜泥…1小匙
料理酒…2大匙
鹽、胡椒…各少許
→倒入調理盆中混合，放入蝦子裹滿調味料後，靜置15分鐘。

奶油…20g

將奶油、蝦子連同調味料一起放入平底鍋中，開中火加熱，一邊翻動一邊煎4～5分鐘至蝦子上色。

+醃漬15分鐘

製作時間
TOTAL
10分鐘

一次就能吃到滿滿的多彩蔬菜，很健康的料理。

罐頭鯖魚炒蔬菜

▶ 冷藏3～4天　▶ 冷凍OK

材料（4餐份）與前置處理作業

味噌鯖魚（罐頭）… **2罐**（380g）

青椒 … **2個**（70g）
→ 縱切成細絲。

紅蘿蔔 … **大½根**（100g）
→ 切成4cm長的細絲。

高麗菜 … **2片**（100g）
→ 切成2cm寬的片狀。

洋蔥 … **½個**（100g）
→ 橫切成5㎜寬的條狀。

麻油 … **1大匙**

薑泥 … **1小匙**

在平底鍋中倒入麻油以中火加熱，放入青椒、紅蘿蔔、高麗菜、洋蔥拌炒。待整體都沾附上油脂後，將罐頭鯖魚連同湯汁一起倒入，再加入薑泥拌炒混合。

製作時間
TOTAL
15分鐘

滋味鹹鹹甜甜，最適合拿來配飯！

照燒帆立貝柱

▶ 冷藏3～4天　▶ 冷凍OK

材料（4餐份）與前置處理作業

帆立貝柱 … **12個**（240g）
→ 抹上適量的片栗粉。

A ｜ 料理酒、味醂、醬油 … 各**2大匙**
｜ 砂糖 … **1大匙**

橄欖油 … **1大匙**

在平底鍋中倒入橄欖油以中火加熱，放入帆立貝柱把兩面煎熟。加入事先混合好的A讓整體裹滿醬汁。

製作時間
TOTAL
5分鐘

煮熟就完成的主菜

海鮮

便當的經典菜色！切面就是要以吸引人為目標。

明太子海苔高湯蛋捲

▶ 冷藏3天

材料（4餐份）與前置處理作業

雞蛋 … 4顆

A | 高湯* … 60㎖
砂糖 … 1大匙
料理酒、薄口醬油 … 各2小匙
→ 將蛋在調理盆中打散，加入A混拌。

辣味明太子 … 50g

烤海苔（大片）… 1片
→ 縱切成一半。

沙拉油 … 適量

＊也可以用1小匙和風高湯粉（顆粒）和60㎖熱水溶解而
　成的高湯。

⬇

在煎蛋鍋中倒入沙拉油，晃動鍋子讓沙拉油布滿表面，倒入1/3的蛋液，放上一片海苔後在另一側放上明太子，從遠端往自己這側捲起，把蛋捲推到對側的鍋邊。再倒入沙拉油讓鍋子表面布滿油分，將剩下蛋液的一半倒入鍋中，放上一片海苔把蛋捲起來。最後倒入剩下的蛋液，再次捲起。

雞蛋、蟳味棒、青蔥的搭配十分對味。

中式風味鬆軟炒蛋

▶ 冷藏3～4天　▶ 冷凍OK

材料（4餐份）與前置處理作業

雞蛋 … 4顆

蟳味棒 … 4根（80g）
→ 大略剝散。

青蔥 … 1/2把（50g）
→ 將長度切成4㎝。

A | 料理酒、味醂、醬油、麻油 … 各1小匙
→ 將蛋在調理盆中打散，加入蟳味棒、青蔥、A混拌。

麻油 … 1大匙

⬇

在平底鍋中倒入麻油以中火加熱，倒入蛋液後，一邊大幅度混拌一邊拌炒到蛋變得鬆軟為止。

從體內產生滿滿元氣！可充分攝取蛋白質的一道料理。

雞蛋肉捲

▶ 冷藏3天

材料（4餐份）與前置處理作業

水煮蛋 … 4顆
→ 剝掉蛋殼。

豬腿肉薄片 … 8片（160g）
→ 將2片豬肉片稍微重疊並縱向擺好，在靠近自己這側放上水煮蛋後往前捲起。撒上各少許的鹽和粗粒黑胡椒，再裹上3大匙的片栗粉。

麻油 … 1大匙

A │ 日式麵味露（原液）… 2大匙
│ 料理酒、味醂 … 各1大匙

在平底鍋中倒入麻油以中火加熱，放入雞蛋肉捲一邊翻轉一邊煎熟。煎至豬肉變色後，加入事先混合好的 **A** 讓整體裹滿醬汁。

製作時間
TOTAL
10分鐘

只要將食材和蛋液混合，倒入平底鍋裡慢慢煎熟。

超簡單平面歐姆蛋

▶ 冷藏3天　▶ 冷凍OK

材料（4餐份）與前置處理作業

雞蛋 … 4顆
培根 … 2片 → 切成5mm寬。
小番茄 … 6個（90g）→ 切成4等分。
玉米粒（罐頭）… 1小罐（65g）→ 瀝乾湯汁。
洋蔥碎末 … ¼個份（50g）

A │ 牛奶 … 2大匙
│ 砂糖 … 2小匙
│ 鹽 … ⅓小匙
│ 粗粒黑胡椒 … 少許
→ 將蛋在調理盆中打散，加入A混拌，再加入培根、小番茄、玉米粒、洋蔥混合攪拌。

橄欖油 … 1大匙

在直徑20cm的平底鍋中倒入橄欖油以中火加熱，倒入蛋液使其均勻分布於鍋中，蓋上鍋蓋蒸烤約5分鐘。翻面後再繼續煎熟，完成後切成方便食用的大小。

製作時間
TOTAL
15分鐘

製作時間
TOTAL
15分鐘

在雞肉丸子中加入切碎的紅薑，增添些許酸味。

鬆軟豆腐雞肉丸子

▸ 冷藏3～4天

材料（4餐份）與前置處理作業

板豆腐⋯ ²/₃ 塊（200g）
→ 放入耐熱調理盆中，不需蓋上保鮮膜，直接放入微
波爐中加熱3分鐘。擦乾水分後搗碎。

A
| 雞絞肉⋯ 150g
| 長蔥碎末⋯ 5 cm 份
| 紅薑碎末⋯ 10g
| 片栗粉⋯ 1大匙
| 鹽⋯ 少許
→ 在放有豆腐的調理盆中加入A，充分攪拌均勻。分
成8等分後整成橢圓形。

沙拉油⋯ 1大匙

B
| 料理酒、醬油、味醂⋯ 各2大匙
| 砂糖⋯ 1小匙

焙煎白芝麻⋯ 適量

⬇

在平底鍋中倒入沙拉油以中火加熱，放入雞肉丸子把
兩面煎熟。轉成中小火後，蓋上鍋蓋蒸烤3分鐘。加入
事先混合好的B讓整體裹滿醬汁，最後撒上芝麻。

製作時間
TOTAL
15分鐘

毛豆和碎黃豆的口感對比超級有趣！

碎黃豆毛豆煎餅

▸ 冷藏3～4天　▸ 冷凍OK

材料（4餐份）與前置處理作業

蒸黃豆（罐頭）⋯ 150g
→ 瀝乾水分後放入調理盆中，用叉子大略壓碎。

毛豆（冷凍）⋯ 50g → 解凍後，從豆莢中取出豆子。

A
| 吻仔魚乾⋯ 20g
| 焙煎白芝麻⋯ 2大匙
| 水、麵粉⋯ 各2大匙
| 咖哩粉、醬油⋯ 各1小匙
→ 在裝有黃豆的調理盆中加入毛豆、A混拌。分成4等
分後整成圓形。

麻油⋯ 1大匙

⬇

在平底鍋中倒入麻油以中火加熱，放入塑形好的煎餅
煎3分鐘。翻面後轉成中小火，煎至表面變得脆硬。

分量感十足，結合美味度與視覺衝擊感的完美料理。

油豆腐鑲肉

▶ 冷藏 3～4 天

材料（4餐份）與前置處理作業

油豆腐 … 2塊（300g）
→ 切成一半後，從切面處劃出切口。

A
豬絞肉 … 100g
切碎的新鮮香菇 … 1朵份（20g）
長蔥碎末 … 5cm 份
薑泥 … ½ 小匙
料理酒 … 1大匙
味噌 … ½ 大匙
鹽 … 少許

片栗粉 … 1大匙
→ 在調理盆中放入A充分混拌後，分成4等分。在油豆腐的切口裡抹上一層片栗粉，再填入肉餡。

麻油 … 1大匙
日式麵味露 … 1大匙

在平底鍋中倒入麻油以中火加熱，將填入肉餡的部分朝下放入鍋中。煎到上色後轉為中小火，蓋上鍋蓋並不時打開翻面將整體煎熟。加入日式麵味露，讓整體裹上醬汁。

鮪魚和美乃滋的濃郁與鮮味完美結合。

油豆腐披薩

▶ 冷藏 3～4 天

材料（4餐份）與前置處理作業

油豆腐 … 2塊（300g）
→ 將厚度切成一半，在露出白色的那面抹上2大匙美乃滋。

鮪魚（罐頭）… 1小罐（70g）→ 瀝乾湯汁。
玉米粒（罐頭）… 4小匙 → 瀝乾湯汁。
洋蔥 … ⅛個（30g）→ 縱切成薄片。

A
披薩用起司絲 … 40g
鹽、粗粒黑胡椒 … 各少許
→ 在油豆腐上擺放鮪魚、玉米粒、洋蔥，並撒上A。

橄欖油 … 1大匙

在平底鍋中倒入橄欖油以中火加熱，將油豆腐放上配料的那面朝上放入鍋中，煎2分鐘。轉為中小火後，蓋上鍋蓋蒸烤5分鐘。如果有荷蘭芹的話，最後可以撒在表面上。

製作時間 TOTAL 15分鐘

製作時間 TOTAL 15分鐘

打開便當後，忍不住拍手驚嘆。

網美級便當

一做好就忍不住想上傳到社群網站、超級上相的便當。

活用了事先做好的常備菜，所以簡單就能完成。味道當然也沒話說。

給幼稚園小朋友或
小學低年級的孩子

只要將白飯和日式麵味露混拌、
做出形狀即可。

小熊便當

材料（1人份）

● 小熊造型飯
　溫熱的白飯 … 100g
　日式麵味露（原液）… 1大匙
　烤海苔、起司片、
　　魚肉香腸 … 各適量
● 手工製小雞塊（→P52）
● 青花菜花束（→P74）

小熊造型飯

1　將白飯和日式麵味露混合攪拌。留下做耳朵用的分量，其餘的飯做成高約1cm的圓形放進便當盒裡。

2　將剩下的飯分成2等分後，做成半圓形當作耳朵，放進便當盒裡。接著分別將烤海苔、起司片、魚肉香腸剪出形狀，製作小熊的五官。

盛裝的方法

將小雞塊裝進分裝用的小紙杯後放入便當盒裡，淋上番茄醬。在空隙處塞入青花菜花束。

製作時間
10分鐘

給國、高中生

美味且飽足感滿點。

分量滿滿的
炸豬排三明治便當

製作時間
10分鐘

材料（1人份）

- **分量滿滿的炸豬排三明治**
  名古屋風味味噌豬排（→P78）
  吐司（8片裝）…**2片**
  萵苣…**2片**
- **雞蛋沙拉**
  水煮蛋…**1顆**
  青花菜…**2〜3小朵**（50g）
  A | 美乃滋…**1大匙**
    | 鹽、胡椒…各少許
- **油醋拌紫甘藍**（→P97）

分量滿滿的炸豬排三明治

將萵苣和炸豬排放在吐司上，以另一片吐司夾住，用保鮮膜包起來後切成一半。

雞蛋沙拉

1 將青花菜放入耐熱調理盆中，蓋上保鮮膜加熱1分鐘。

2 在調理盆中放入水煮蛋，用叉子弄碎後，加入1、A混拌。

盛裝的方法

將三明治放入容器裡。再放入2個分裝用的小紙杯，分別裝入油醋拌紫甘藍和雞蛋沙拉。

93

在白飯放上3種配料。

馬賽克風便當

材料（1人份）

● **馬賽克拼貼飯**

　溫熱的白飯 … 150g

　碎鮭魚肉 … 適量

　雞絞肉 … 100g

　A
　┌ 薑泥 … ½ 小匙
　│ 料理酒、味醂、醬油 … 各1大匙
　└ 砂糖 … 1小匙

　雞蛋 … 1顆

　B
　┌ 砂糖 … 1小匙
　└ 鹽 … 少許

　沙拉油 … 少許

● **照燒帆立貝柱**（→P87）

● **中式涼拌青江菜與吻仔魚**（→P109）

● **小番茄夾起司**（→P74）

馬賽克拼貼飯

1　製作雞鬆。在耐熱調理盆中放入雞絞肉、A混合，蓋上保鮮膜加熱2分30秒，取出混合攪拌。

2　製作炒蛋。將蛋在調理盆中打散，加入B混合。在平底鍋中倒入沙拉油以中火加熱，倒入蛋液用筷子一邊拌炒一邊攪拌，做出碎碎的炒蛋。

盛裝的方法

將白飯裝進便當盒裡。以直向3等分、橫向2等分的方式，放上碎鮭魚肉、雞鬆、炒蛋，做出格子圖案。裝入照燒帆立貝柱後，放入小紙杯並填入中式涼拌青江菜與吻仔魚。最後在空隙處放入小番茄夾起司。

給努力工作的你！

製作時間
20分鐘

PART
3

\\ 加上特製淋醬或 //
涼拌用調味料

拌勻就完成的

配菜

在這個單元中登場的是很適合帶便當的沙拉、

涼拌菜、醃漬菜等蔬菜類配菜。

因為蔬菜是依不同類別做分類,可以輕鬆選擇要做哪道菜。

就算是要事先處理的蔬菜,只要放進微波爐中加熱即可。

高麗菜

含有消化酵素的維生素U，是對健康很好的蔬菜。
搭配肉類、魚類或蛋料理就能均衡攝取營養。

+靜置10分鐘

製作時間
TOTAL
5分鐘

柴魚＋美乃滋＋醬油的不敗滋味。

柴魚美乃滋拌高麗菜

▶ 冷藏3～4天

材料（4餐份）與前置處理作業

高麗菜 … ¼個（300g）
→ 切成3cm的塊狀後，撒上1小匙鹽搓揉一下。
靜置10分鐘後擠乾水分。

柴魚片 … ½袋（2g）

A｜ 美乃滋 … 2大匙
　　醬油 … 1小匙

⬇

在較大的調理盆中倒入A混合後，放入高麗菜、柴魚片
混拌。

+靜置10分鐘

製作時間
TOTAL
7分鐘

吻仔魚的鮮味和原有的滋味，更加提引出高麗菜的甜味。

高麗菜吻仔魚
酸桔醋沙拉

▶ 冷藏3～4天

材料（4餐份）與前置處理作業

高麗菜 … ¼個（300g）
→ 切成細絲後撒上1小匙鹽搓揉一下。
靜置10分鐘後擠乾水分。

吻仔魚乾 … 20g

A｜ 酸桔醋醬油 … 3大匙
　　粗粒黑胡椒 … 少許

⬇

在較大的調理盆中倒入A混合後，放入高麗菜、吻仔
魚乾混拌。

只要加入市售的滑菇醬快速攪拌，就能做出好滋味。

涼拌高麗菜滑菇

▶ 冷藏3～4天

材料（4餐份）與前置處理作業

高麗菜 … ¼個（300g）
　→ 用手撕成一口大小。
滑菇醬（市售瓶裝）… **100g**

在較大的調理盆中放入高麗菜、滑菇醬混拌，如果有海苔的話，可以切成細絲撒上。

製作時間
TOTAL
5分鐘

附在義大利麵、麵包旁邊就能做出時髦的便當。

油醋拌紫甘藍

▶ 冷藏3～4天

材料（4餐份）與前置處理作業

紫甘藍 … ¼個（300g）
　→ 切成細絲後撒上1小匙鹽搓揉一下。
　　 靜置10分鐘後擠乾水分。
葡萄乾 … **20g**

A
|
　橄欖油、醋 … 各1大匙
　砂糖 … 1小匙
　粗粒黑胡椒 … 少許

在較大的調理盆中倒入A混合後，放入紫甘藍、葡萄乾混拌。

＋靜置10分鐘

製作時間
TOTAL
7分鐘

使用大蒜、麻油做出具衝擊感的風味。

涼拌高麗菜櫻花蝦

▶ 冷藏4～5天

材料（4餐份）與前置處理作業

高麗菜 … ¼個（300g）→ 切成2cm的塊狀。

A
|
　櫻花蝦 … **20g**
　蒜泥 … 1小匙
　麻油 … 1大匙
　鹽 … ¼小匙

在較大的調理盆中放入高麗菜和A混合攪拌。

製作時間
TOTAL
5分鐘

紅蘿蔔

富含能提升免疫力的 β-胡蘿蔔素。
對於預防貧血或改善體質虛寒都很有幫助。

+靜置10分鐘

製作時間
TOTAL
7分鐘

男女老少都愛的美乃滋口味。

涼拌蘿蔔絲火腿

▶ 冷藏3～4天

材料（4餐份）與前置處理作業

紅蘿蔔 … **2根**（300g）
→ 用刨絲器刨成細絲後，撒上1小匙鹽搓揉一下。
靜置10分鐘後擠乾水分。

火腿 … **4片**（40g）
→ 切成5mm寬。

玉米粒（罐頭）… **1小罐**（65g）
→ 瀝乾湯汁。

A
美乃滋 … **3大匙**
醋 … **1大匙**
砂糖 … **2小匙**
粗粒黑胡椒 … 少許

⬇

在較大的調理盆中倒入A混合後，放入紅蘿蔔絲、火
腿、玉米粒混拌。

+靜置10分鐘

製作時間
TOTAL
7分鐘

竹輪的鮮味加上辣油的辣味，瞬間產生深邃的風味。

中式涼拌紅蘿蔔竹輪

▶ 冷藏4～5天　▶ 冷凍OK

材料（4餐份）與前置處理作業

紅蘿蔔 … **2根**（300g）
→ 用削皮刀削成細長的條狀後，撒上1小匙鹽搓揉一下。
靜置10分鐘後擠乾水分。

竹輪 … **2根**（60g）
→ 縱切一半後，再切成5mm寬。

A
焙煎白芝麻 … **1大匙**
雞高湯粉（顆粒）、辣油 … 各½小匙

⬇

在較大的調理盆中倒入A混合後，放入紅蘿蔔、竹輪
混拌。

加入咖哩粉，讓風味往上提升一個層次。

辛香料涼拌紅蘿蔔

▶ 冷藏4～5天　▶ 冷凍OK

材料（4餐份）與前置處理作業

紅蘿蔔 … **2根**（300g）
→ 用刨絲器刨成細絲後，撒上1小匙鹽搓揉一下。
靜置10分鐘後擠乾水分。

A
| 醋、橄欖油 … 各1大匙 |
| 砂糖 … 1小匙 |
| 咖哩粉 … ½小匙 |

在較大的調理盆中倒入A混合後，放入紅蘿蔔絲混拌。

+靜置10分鐘

製作時間
TOTAL
7分鐘

嗆辣滋味和酸桔醋的溫和酸味是絕配。

酸桔醋山葵涼拌紅蘿蔔

▶ 冷藏4～5天　▶ 冷凍OK

材料（4餐份）與前置處理作業

紅蘿蔔 … **2根**（300g）
→ 切成扇形薄片。

A
| 酸桔醋醬油 … 2大匙 |
| 山葵醬 … ⅛小匙 |

在較大的調理盆中倒入A混合後，放入紅蘿蔔混拌。

製作時間
TOTAL
5分鐘

鱈魚子在口中迸發的口感，讓紅蘿蔔變得更美味。

涼拌紅蘿蔔鱈魚子

▶ 冷藏3～4天　▶ 冷凍OK

材料（4餐份）與前置處理作業

紅蘿蔔 … **2根**（300g）→ 用刨絲器刨成細絲。
鱈魚子 … **1條**（40g）→ 剝散備用。
料理酒 … **1大匙**
→ 在較大的耐熱調理盆中放入紅蘿蔔絲、鱈魚子、料
理酒混拌，蓋上保鮮膜後放入微波爐中加熱3分鐘。

A
| 焙煎黑芝麻 … 1大匙 |
| 鹽 … 少許 |

在放有紅蘿蔔絲與鱈魚子的調理盆中，加入A混拌。

製作時間
TOTAL
10分鐘

四季豆

富含維生素、礦物質、膳食纖維。
不僅色彩豐富，也為大家提供大量使用四季豆的營養食譜。

製作時間
TOTAL
15 分鐘

以魚露為基底、略帶甜味的醬汁超級美味。

南洋風味四季豆沙拉

▶ 冷藏3～4天　▶ 冷凍OK

材料（4餐份）與前置處理作業

四季豆 … **12根**（120g）
　→ 切成3～4㎝長，放入耐熱調理盆中，蓋上保鮮膜後
　　放入微波爐中加熱2分鐘。

甜椒（紅色）… **½個**（75g）→ 縱切成寬5㎜的條狀。

紫洋蔥 … **¼個**（50g）→縱切成薄片。

A
蒜泥 … **1小匙**
魚露、檸檬汁 … **各1大匙**
砂糖 … **1小匙**
鹽 … **少許**

⬇

在較大的調理盆中倒入A混合後，放入四季豆、甜椒
與紫洋蔥混拌。

製作時間
TOTAL
10 分鐘

散發出橄欖油與大蒜香氣的尼斯風味。

尼斯風味四季豆沙拉

▶ 冷藏3～4天　▶ 冷凍OK

材料（4餐份）與前置處理作業

四季豆 … **12根**（120g）
　→ 切成3～4㎝長，放入耐熱調理盆中，蓋上保鮮膜後
　　放入微波爐中加熱2分鐘。

黑橄欖（切成圖片）… **4個份**

A
蒜泥 … **½小匙**
橄欖油、檸檬汁 … **各1大匙**
鹽、粗粒黑胡椒 … **各少許**

⬇

在較大的調理盆中倒入A混合後，放入四季豆、黑橄
欖混拌。

只加了鹽昆布和麻油，做出讓人上癮的滋味。

鹽昆布拌四季豆

▶ 冷藏3～4天　▶ 冷凍OK

材料（4餐份）與前置處理作業

四季豆 … 12根（120g）
→ 切成3～4cm長，放入耐熱調理盆中，蓋上保鮮膜後
　放入微波爐中加熱2分鐘。

A
｜**鹽昆布 … 15g**
｜**焙煎白芝麻 … 1大匙**
｜**麻油 … 1大匙**

製作時間
TOTAL
10分鐘

在較大的調理盆中放入四季豆後，加入 A 混合攪拌。

酸甜的滋味讓料理整體更顯美味。

甜醋拌蛋絲四季豆

▶ 冷藏3～4天　▶ 冷凍OK

材料（4餐份）與前置處理作業

四季豆 … 12根（120g）
→ 切成3～4cm長，放入耐熱調理盆中，蓋上保鮮膜後
　放入微波爐中加熱2分鐘。

細蛋絲（市售品）**… 20g**

A
｜**砂糖、醋 … 各2大匙**
｜**醬油 … 1小匙**

製作時間
TOTAL
10分鐘

在較大的調理盆中倒入 A 混合後，放入四季豆和細蛋
絲混拌。

脆硬且充滿香氣的杏仁增添讓人開心的口感。

涼拌杏仁四季豆

▶ 冷藏3～4天　▶ 冷凍OK

材料（4餐份）與前置處理作業

四季豆 … 12根（120g）
→ 切成3～4cm長，放入耐熱調理盆中，蓋上保鮮膜後
　放入微波爐中加熱2分鐘。

杏仁（炒過）**… 20g** → 粗略切碎。

A
｜**醬油 … 1大匙**
｜**砂糖 … 2小匙**

製作時間
TOTAL
10分鐘

在較大的調理盆中倒入 A 混合後，放入四季豆和杏仁
混拌。

綠蘆筍

富含 β-胡蘿蔔素、維生素B群的優秀蔬菜。
粗的綠蘆筍既甘甜又柔軟。細的綠蘆筍則纖維較多。

製作時間
TOTAL
10分鐘

以蒜頭、紅辣椒、橄欖油做出義大利風味。

鯷魚蘆筍沙拉

▶ 冷藏3～4天

材料（4餐份）與前置處理作業

綠蘆筍 … 8根（160g）
→斜切成3cm的長度，放入耐熱調理盆中，蓋上保鮮膜
後放入微波爐中加熱2分鐘。

A
| 鯷魚碎末 … 4片份（60g）
| 蒜泥 … 1小匙
| 切成小圓片的紅辣椒 … 1根份
| 橄欖油 … 1大匙
| 粗粒黑胡椒 … 少許

在較大的調理盆中倒入A混合後，放入綠蘆筍混拌。

製作時間
TOTAL
10分鐘

充滿梅乾的酸味，風味特別的一道料理。

梅肉柴魚拌蘆筍

▶ 冷藏3～4天

材料（4餐份）與前置處理作業

綠蘆筍 … 8根（160g）
→將長度切成3cm。

長蔥 … ½根（50g）
→斜切成薄片。在較大的耐熱調理盆中放入綠蘆筍、
長蔥，蓋上保鮮膜後放入微波爐中加熱2分鐘。

梅乾 … 2個
→去籽後，用菜刀把梅乾拍碎，準備20g。

A
| 柴魚片 … ½袋（2g）
| 醬油 … ⅓小匙

在較大的調理盆中放入綠蘆筍、長蔥、梅肉、A混合
攪拌。

顆粒芥末恰到好處的酸味和嗆辣是這道菜的重點。

蘆筍蟹味棒沙拉

▶ 冷藏3～4天

材料（4餐份）與前置處理作業

綠蘆筍 … 8根（160g）
→ 斜切成3cm的長度，放入耐熱調理盆中，蓋上保鮮膜
後放入微波爐中加熱2分鐘。

蟹味棒 … 4根（80g）→ 用手大略撕開。

A
| 美乃滋 … 2大匙
| 顆粒芥末醬 … 1小匙
| 鹽、粗粒黑胡椒 … 各少許

⬇

在較大的調理盆中倒入A混合後，放入綠蘆筍、蟹味
棒混拌。

隨著越醃越入味，又能品嚐截然不同的美味。

南洋風味醋漬蘆筍

▶ 冷藏3～4天

材料（4餐份）與前置處理作業

綠蘆筍 … 8根（160g）
→ 斜切成3cm的長度，放入耐熱調理盆中，蓋上保鮮膜
後放入微波爐中加熱2分鐘。

A
| 檸檬汁、魚露 … 各1大匙
| 砂糖 … 1小匙　鹽 … 少許

⬇

在較大的調理盆中倒入A混合後，放入綠蘆筍混拌。

製作時間 TOTAL 10分鐘

用日式麵味露就能快速完成，最簡單的一道配菜。

金平風味綠蘆筍

▶ 冷藏3～4天

材料（4餐份）與前置處理作業

綠蘆筍 … 8根（160g）
→ 切成長5cm、寬5mm的棒狀。

紅蘿蔔 … ½根（80g）
→ 切成和綠蘆筍相同的形狀、大小。在耐熱調理盆中
放入綠蘆筍和紅蘿蔔，蓋上保鮮膜後放入微波爐中
加熱2分鐘。

A
| 磨碎的白芝麻 … 1大匙
| 日式麵味露（原液） … 3大匙

⬇

在放有綠蘆筍和紅蘿蔔的調理盆中，加入A混拌。

製作時間 TOTAL 10分鐘

青椒 甜椒

不論哪一種都富含打造完美肌膚必備的維生素C。
多彩的顏色能讓配色更加活潑，為便當增添點綴。

製作時間
TOTAL
10分鐘

非常適合搭配中式料理或燒賣。

榨菜涼拌青椒

▶ 冷藏3～4天　▶ 冷凍OK

材料（4餐份）與前置處理作業

青椒… **4個**（140g）
→ 縱切成一半。

長蔥… **½根**（50g）
→ 斜切成薄片。在較大的耐熱調理盆中放入青椒、長蔥，蓋上保鮮膜後放入微波爐中加熱2分鐘。

調味榨菜（市售瓶裝）…**20g**
→ 粗略切碎。

A｜ 辣油…**1小匙**
　｜ 鹽…少許

⬇

在放有青椒和長蔥的調理盆中，加入榨菜和A混拌。

製作時間
TOTAL
10分鐘

加入紅蘿蔔增添色彩，也更提高營養價值。

金平風味青椒

▶ 冷藏3～4天　▶ 冷凍OK

材料（4餐份）與前置處理作業

青椒… **4個**（140g）
→ 縱切成寬5mm的條狀。

紅蘿蔔… **½根**（80g）
→ 切成長5cm、寬5mm的棒狀。在耐熱調理盆中放入青椒、紅蘿蔔，蓋上保鮮膜後放入微波爐中加熱2分鐘。

A｜ 焙煎白芝麻…**2大匙**
　｜ 日式麵味露（原液）…**3大匙**
　｜ 麻油…**1大匙**

⬇

在較大的調理盆中倒入A混合後，放入青椒和紅蘿蔔混拌。

和日式、西式、中式料理搭配都很美味。

味噌鮪魚拌甜椒

▶ 冷藏3～4天　▶ 冷凍OK

材料（4餐份）與前置處理作業

甜椒（黃色）… 1個（150g）→ 縱切成寬5mm的條狀。
鮪魚（罐頭）… 1小罐（70g）→ 瀝乾湯汁。

A
┃ 磨碎的白芝麻 … 1大匙
┃ 味噌 … 1大匙
┃ 砂糖 … 1小匙
┃ 醬油 … ½小匙

在較大的調理盆中放入鮪魚、A混合後，再加入甜椒攪拌。

製作時間
TOTAL
7分鐘

當便當都是樸素的褐色料理時，不妨加入這道菜。

醋漬雙色甜椒

▶ 冷藏3～4天　▶ 冷凍OK

材料（4餐份）與前置處理作業

甜椒（紅色、黃色）… 各1個（各150g）
→ 切成一口大小的滾刀塊。

A
┃ 橄欖油、蜂蜜 … 各1大匙
┃ 醋 … 2小匙

在較大的調理盆中倒入A混合後，放入甜椒混拌。

製作時間
TOTAL
7分鐘

美乃滋的濃醇、番茄醬的甜味、
辣椒粉的辣味產生絕妙滋味。

辣味美乃滋甜椒沙拉

▶ 冷藏3～4天

材料（4餐份）與前置處理作業

甜椒（黃色）… 2個（300g）
→ 橫切成寬5mm的條狀。

A
┃ 美乃滋、番茄醬 … 各1大匙
┃ 檸檬汁 … 1小匙
┃ 辣椒粉 … ½小匙

在較大的調理盆中倒入A混合後，放入甜椒混拌。

製作時間
TOTAL
7分鐘

蕈菇類

膳食纖維的寶庫。可以品嚐到特別的鮮味與口感。
因為熱量低，所以也很推薦給正在減重的人。

製作時間
TOTAL
10分鐘

甜甜鹹鹹的醬油滋味非常下飯。

日式風味醋漬蕈菇

▶ 冷藏4～5天 ▶ 冷凍OK

材料（4餐份）與前置處理作業

杏鮑菇 … **1包**（100g）
→ 將長度切成4cm，再縱切成寬1.5cm的條狀。

新鮮香菇 … **5朵**（100g）
→ 切除菇柄後切成薄片。在耐熱調理盆中放入杏鮑菇和香菇，蓋上保鮮膜後放入微波爐中加熱4分鐘。

A | 麻油、醬油 … 各**1大匙**
| 醋 … **2小匙**
| 砂糖 … **1小匙**

⬇

在較大的調理盆中倒入**A**混合後，放入杏鮑菇、香菇混拌。

製作時間
TOTAL
10分鐘

清爽中帶有濃郁香醇的滋味。

蘑菇核桃沙拉

▶ 冷藏4～5天 ▶ 冷凍OK

材料（4餐份）與前置處理作業

蘑菇 … **3包**（300g）→ 切成薄片。

核桃仁 … **20g**
→ 粗略切碎。在耐熱調理盆中放入蘑菇和核桃，蓋上保鮮膜後放入微波爐中加熱2分鐘。

A | 起司粉 … **1大匙**
| 檸檬汁 … **2大匙**
| 橄欖油 … **1大匙**
| 砂糖 … **2小匙**
| 鹽 … **少許**

⬇

在較大的調理盆中倒入**A**混合後，放入蘑菇、核桃混合攪拌。

可以享受2種菇類不同的風味與口感。

味噌美乃滋拌菇菇

▶ 冷藏3～4天

材料（4餐份）與前置處理作業

新鮮香菇 … **5朵**（100g）→ 切除菇柄後，切成薄片。

鴻喜菇 … **2包**（200g）
→ 切除硬蒂後剝散。在耐熱調理盆中放入香菇、鴻喜菇，蓋上保鮮膜後放入微波爐中加熱4分鐘。

A │ 磨碎的白芝麻 … **1大匙**　美乃滋 … **2大匙**
　　│ 味噌 … **2小匙**

製作時間 TOTAL 10分鐘

在較大的調理盆中倒入A混合後，放入香菇、鴻喜菇混拌。

鮪魚和菇類的鮮味相互加乘，產生深邃的滋味。

辛香料美乃滋拌舞菇鮪魚

▶ 冷藏3～4天

材料（4餐份）與前置處理作業

舞菇 … **2包**（200g）
→ 用手剝散後放入耐熱調理盆中，蓋上保鮮膜以微波爐加熱2分鐘。

鮪魚（罐頭）… **1小罐**（70g）→ 瀝乾湯汁。

A │ 美乃滋 … **2大匙**
　　│ 辣椒粉 … **1/2小匙**
　　│ 鹽、粗粒黑胡椒 … **各少許**

製作時間 TOTAL 10分鐘

在較大的調理盆中倒入A混合後，放入舞菇、鮪魚混合攪拌。

青紫蘇的清爽香氣會慢慢地擴散開來。

梅肉紫蘇拌金針菇

▶ 冷藏4～5天　▶ 冷凍OK

材料（4餐份）與前置處理作業

金針菇 … **2袋**（200g）
→ 將根部切掉後放入較大的耐熱調理盆中，蓋上保鮮膜以微波爐加熱2分鐘。

梅乾 … **2個**→ 去籽後，用菜刀把梅乾拍碎，準備20g。

青紫蘇葉 … **4片**→ 去除葉片的梗後切成細絲。

醬油 … **1/3小匙**

製作時間 TOTAL 10分鐘

在放有金針菇的調理盆中加入梅肉、青紫蘇、醬油混合攪拌。

綠色葉菜

富含維生素和礦物質的各種葉菜類蔬菜。
秋冬兩季的葉菜更加鮮甜，價格也很划算，請務必試試看。

製作時間
TOTAL
10分鐘

滿滿的芝麻＋麻油，鮮味和香氣滿點。

韓式茼蒿沙拉

▶ 冷藏3～4天　▶ 冷凍OK

材料（4餐份）與前置處理作業

　茼蒿 … 1袋（170g）
　　→ 將長度切成4cm。

　長蔥 … 1根
　　→ 斜切成薄片。在耐熱調理盆中放入茼蒿和長蔥，蓋上
　　　保鮮膜後放入微波爐中加熱2分鐘。取出擠乾水分。

　　┌ 焙煎白芝麻 … 1大匙
　A │ 麻油 … 2大匙
　　└ 鹽 … ½小匙

　韓式海苔 … 適量

⬇

在較大的調理盆中放入茼蒿、長蔥、A混合。用手將
韓式海苔撕碎後撒上。

製作時間
TOTAL
7分鐘

利用油豆皮的鮮甜與濃郁滋味，做出深邃的風味。

高湯浸煮水菜與豆皮

▶ 冷藏3～4天

材料（4餐份）與前置處理作業

　水菜 … 1袋（200g）
　　→ 將長度切成3cm。

　油豆皮 … 1片（30g）
　　→ 澆淋熱水去除油分，縱切一半後切成5mm寬。

　　┌ 熱水 … ¼杯
　A │ 醬油 … 1大匙
　　└ 砂糖 … 1小匙

⬇

在較大的調理盆中倒入A混合後，放入水菜、油豆皮
混拌。

用辛辣的豆瓣醬做出帶勁的滋味。

中式涼拌青江菜與吻仔魚

▶ 冷藏3～4天　▶ 冷凍OK

材料（4餐份）與前置處理作業

青江菜 … 1袋（300g）
→ 將長度切成4㎝，放入耐熱調理盆後蓋上保鮮膜，以
　微波爐加熱2分鐘。取出擠乾水分。

吻仔魚乾 … 20g

A｜醬油、醋 … 各2大匙　麻油 … 1大匙
　｜砂糖 … 1小匙　　　　豆瓣醬 … ¼小匙

在較大的調理盆中倒入 A 混合後，放入青江菜、吻仔魚
乾混拌。

製作時間
TOTAL
7分鐘

撒上起司粉，讓滋味變得濃郁且深邃。

鰻魚菠菜沙拉

▶ 冷藏3～4天

材料（4餐份）與前置處理作業

製作沙拉用的菠菜 … 1袋（200g）→ 將長度切成3㎝。
鰻魚粗末 … 1片份（15g）
麵包丁（市售品）… 20g

A｜橄欖油 … 1大匙
　｜鹽、胡椒 … 各少許

起司粉 … 適量

在較大的調理盆中放入菠菜、鰻魚、麵包丁、A 混合
攪拌後，撒上起司粉。

製作時間
TOTAL
7分鐘

用柚子胡椒的香氣和辣味做出高雅的滋味。

柚子胡椒拌小松菜

▶ 冷藏3～4天　▶ 冷凍OK

材料（4餐份）與前置處理作業

小松菜 … 1袋（300g）
→ 將長度切成4㎝，放入耐熱調理盆後蓋上保鮮膜，以微
　波爐加熱4分鐘。取出擠乾水分。

A｜酸桔醋醬油 … 3大匙
　｜柚子胡椒 … ⅛小匙

烤海苔（大片）… 1片

在較大的調理盆中倒入 A 混合後，放入小松菜混拌。
將海苔撕碎後撒上。

製作時間
TOTAL
10分鐘

黃豆芽 綠豆芽

富含維生素、礦物質、膳食纖維。
沒有特殊的味道，不論和什麼食材或調味都很搭。

製作時間
TOTAL
10分鐘

用綠豆芽做出美味健康的人氣泰式沙拉。

泰式涼拌綠豆芽

▶ 冷藏3天　▶ 冷凍OK

材料（4餐份）與前置處理作業

綠豆芽 … 1袋（250g）
　→ 放入網篩洗淨後，瀝乾水分。放入耐熱調理盆後蓋上
　　保鮮膜，以微波爐加熱2分鐘。取出擠乾水分。

香菜 … 20g
　→ 將長度切成5㎝。

櫻花蝦 … 15g

A｜檸檬汁 … 2大匙
　｜魚露 … 1大匙
　｜砂糖 … 2小匙

⬇

在較大的調理盆中倒入A混合後，放入綠豆芽、香菜
與櫻花蝦混拌。

製作時間
TOTAL
10分鐘

用蒜頭、芝麻、麻油做出具有深度的風味。

涼拌黃豆芽

▶ 冷藏3天　▶ 冷凍OK

材料（4餐份）與前置處理作業

黃豆芽 … 1袋（250g）
　→ 放入網篩洗淨後，瀝乾水分。放入耐熱調理盆後蓋上
　　保鮮膜，以微波爐加熱2分鐘。取出擠乾水分。

A｜焙煎白芝麻 … 1大匙
　｜蒜泥 … 1小匙
　｜麻油、日式麵味露（原液）… 各1大匙

⬇

在較大的調理盆中倒入A混合後，放入黃豆芽混拌。
如果有切得細細的辣椒絲，可以撒在上面。

加入柴漬增添溫和的酸味與色彩。

柴漬拌綠豆芽

▶ 冷藏3天

材料（4餐份）與前置處理作業

綠豆芽 … **1袋**（250g）

→ 放入網篩洗淨後，瀝乾水分。放入耐熱調理盆後蓋上
保鮮膜，以微波爐加熱2分鐘。取出擠乾水分。

柴漬 … **50g**→ 切成粗末。

A 醋 … **1大匙**
醬油 … **1小匙**

在較大的調理盆中放入綠豆芽、柴漬、A混合攪拌。

製作時間
TOTAL
10分鐘

日式、西式、中式、南洋風味。搭配任何料理都美味。

柚子胡椒美乃滋拌綠豆芽

▶ 冷藏3天

材料（4餐份）與前置處理作業

綠豆芽 … **1袋**（250g）

→ 放入網篩洗淨後，瀝乾水分。放入耐熱調理盆後蓋上
保鮮膜，以微波爐加熱2分鐘。取出擠乾水分。

A 柚子胡椒 … **¼小匙**
美乃滋 … **1大匙**
鹽、粗粒黑胡椒 … 各少許

在較大的調理盆中倒入A混合後，放入綠豆芽混拌。

製作時間
TOTAL
10分鐘

顆粒芥末的酸味和嗆辣滋味，為料理增添美味。

芥末黃豆芽沙拉

▶ 冷藏3天

材料（4餐份）與前置處理作業

黃豆芽 … **1袋**（250g）

→ 放入網篩洗淨後，瀝乾水分。放入耐熱調理盆後蓋上
保鮮膜，以微波爐加熱2分鐘。取出擠乾水分。

火腿 … **4片**（40g）→ 切成5mm寬。

A 顆粒芥末醬、醋、橄欖油、醬油
… 各**1大匙**

在較大的調理盆中倒入A混合後，放入黃豆芽和火腿
混拌。

製作時間
TOTAL
10分鐘

青花菜 花椰菜

不論哪一種都含有超豐富的維生素C。
裝便當時或吃的時候都很方便，在各種場合都能活用。

製作時間
TOTAL
10分鐘

日西合璧的有趣滋味。很適合搭配肉類料理或魚料理。

柴魚奶油乳酪拌青花菜

▶ 冷藏3～4天　▶ 冷凍OK

材料（4餐份）與前置處理作業

青花菜 … **1顆**（200g）
→ 分成小朵後放入耐熱調理盆中，蓋上保鮮膜以微波
爐加熱2分鐘。

奶油乳酪 … **40g**
→ 切成5mm的小丁。

A 　柴魚片 … ½袋（2g）
　　醬油 … 1小匙

⬇

在較大的調理盆中放入奶油乳酪、A 混合後，加入青
花菜混拌。

製作時間
TOTAL
10分鐘

訣竅就是要加入檸檬汁讓味道凝縮。

青花菜蟳味棒沙拉

▶ 冷藏3～4天

材料（4餐份）與前置處理作業

青花菜 … **1顆**（200g）
→ 分成小朵後放入耐熱調理盆中，蓋上保鮮膜以微波
爐加熱2分鐘。

蟳味棒 … **4根**（80g）
→ 用手剝散。

A 　焙煎白芝麻 … 1大匙
　　美乃滋 … 2大匙
　　檸檬汁 … 1大匙
　　鹽、胡椒 … 各少許

⬇

在較大的調理盆中倒入 A 混合後，放入青花菜、蟳味
棒混拌。

甜甜鹹鹹，非常下飯的中式風味。

榨菜拌青花菜

▶ 冷藏4～5天　▶ 冷凍OK

材料（4餐份）與前置處理作業

青花菜 … **1顆**（200g）
→ 分成小朵後放入耐熱調理盆中，蓋上保鮮膜以微波
爐加熱2分鐘。

調味榨菜（市售瓶裝）… **20g**→ 粗略切碎。

A
|麻油 … **1大匙**
|雞高湯粉、砂糖、醬油 … 各**1小匙**

製作時間
TOTAL
10分鐘

在較大的調理盆中倒入A混合後，放入青花菜、榨菜
混拌。

和任何料理都很搭的常備菜。

甜醋漬花椰菜

▶ 冷藏4～5天　▶ 冷凍OK

材料（4餐份）與前置處理作業

花椰菜 … **1顆**（500g）
→ 分成小朵後放入耐熱調理盆中，蓋上保鮮膜以微波
爐加熱4分鐘。

A
|切成小圓片的紅辣椒 … **1根份**
|醋 … **¼杯**
|砂糖 … **4大匙**
|鹽 … **½小匙**

製作時間
TOTAL
10分鐘

在較大的調理盆中倒入A混合後，放入花椰菜混拌。

清爽的酸味和可愛的配色是重點。

紅紫蘇拌花椰菜

▶ 冷藏4～5天　▶ 冷凍OK

材料（4餐份）與前置處理作業

花椰菜 … **1顆**（500g）
→ 分成小朵後放入耐熱調理盆中，蓋上保鮮膜以微波
爐加熱4分鐘。

A
|紅紫蘇粉 … **2小匙**
|橄欖油 … **1大匙**

製作時間
TOTAL
10分鐘

在較大的調理盆中倒入A混合後，放入花椰菜混拌。

牛蒡 蓮藕

2種都含有特別豐富的膳食纖維，具有整腸作用。
盛產於秋冬兩季。很推薦多做一些保存備用。

牛蒡清脆的口感讓人一吃上癮。

鹽味鮪魚拌牛蒡

▶ 冷藏4～5天　▶ 冷凍OK

材料（4餐份）與前置處理作業

牛蒡 … 2根（300g）
→ 用鬃刷把表皮刷洗乾淨，以刨絲器刨成細絲後泡水5
　分鐘，撈起瀝乾水分。

長蔥 … 5 cm
→ 斜切成薄片。在耐熱調理盆中放入牛蒡、長蔥，蓋
　上保鮮膜後放入微波爐中加熱3分鐘。

鮪魚（罐頭）… 1小罐（70g）→ 瀝乾湯汁。

A │ 麻油 … 2大匙
　│ 醋 … 1大匙
　│ 鹽 … ½小匙
　│ 粗粒黑胡椒 … 少許

在較大的調理盆中倒入A混合後，放入牛蒡、長蔥、
鮪魚混拌。

撒上大量芝麻，充滿香氣的一道料理。

鹹甜風味涼拌牛蒡

▶ 冷藏4～5天　▶ 冷凍OK

材料（4餐份）與前置處理作業

牛蒡 … 2根（300g）
→ 用鬃刷把表皮刷洗乾淨。將牛蒡切成4 cm長後，再切
　成4等分，泡水5分鐘後撈起瀝乾水分。放入耐熱調
　理盆中，蓋上保鮮膜後放入微波爐中加熱3分鐘。

A │ 焙煎白芝麻 … 2大匙
　│ 醬油 … 2大匙
　│ 砂糖 … 2小匙

在較大的調理盆中倒入A混合後，放入牛蒡混拌。

+泡水5分鐘

製作時間
TOTAL
10分鐘

加入羊栖菜和綜合豆類的時髦沙拉。

西式風味蓮藕沙拉

▶ 冷藏4～5天

材料（4餐份）與前置處理作業

蓮藕 … 200g
→ 切成薄薄的半圓形，放入耐熱調理盆中，蓋上保鮮膜後放入微波爐中加熱3分鐘。

羊栖菜（乾燥）… 5g → 泡水15分鐘還原後，擠乾水分。

蒸綜合豆類 … 100g

A
| 美乃滋 … 2大匙 | 檸檬汁 … 1大匙 |
| 顆粒芥末醬 … 2小匙 | 粗粒黑胡椒 … 少許 |

+泡水 15 分鐘

製作時間
TOTAL
10分鐘

在較大的調理盆中倒入 A 混合後，放入蓮藕、羊栖菜與綜合豆類混合攪拌。

加入麻油，滋味濃郁且風味絕佳。

明太子拌蓮藕

▶ 冷藏4～5天　▶ 冷凍OK

材料（4餐份）與前置處理作業

蓮藕 … 200g
→ 切成5mm厚的圓片後放入耐熱調理盆中，蓋上保鮮膜後放入微波爐中加熱3分鐘。

辣味明太子 … 1條（40g）→ 去除薄膜後剝散。

麻油 … 1大匙

製作時間
TOTAL
10分鐘

在放有蓮藕的調理盆中加入明太子、麻油混拌。

將蓮藕切成棒狀，可以享受到有趣的特殊口感。

韓式辣椒醬拌蓮藕

▶ 冷藏4～5天　▶ 冷凍OK

材料（4餐份）與前置處理作業

蓮藕 … 200g
→ 切成寬7～8mm的棒狀，放入耐熱調理盆中，蓋上保鮮膜後放入微波爐中加熱3分鐘。

A
| 蒜泥 … 1小匙 |
| 韓式辣椒醬、醋 … 各1大匙 |
| 麻油 … ½大匙 |
| 鹽 … 少許 |

製作時間
TOTAL
10分鐘

在較大的調理盆中倒入 A 混合後，放入蓮藕混拌。

115

美味可口！營養均衡！
瘦身便當

就算在瘦身期間，還是會想吃美味可口且營養滿滿的便當。
為了回應這些讀者的期待，我準備了許多精心設計的食譜。

將黃豆、毛豆做成主菜的健康便當。
蔬食風味便當

製作時間
5分鐘

材料（1人份）

● 糙米飯…120～150g
● 柴漬…適量
● 碎黃豆毛豆煎餅（→P90）
● 酸桔醋山葵涼拌紅蘿蔔（→P99）
● 小番茄…1個

柴漬 將柴漬切碎。

小番茄 去除小番茄的蒂頭。

盛裝的方法

將糙米飯裝進便當盒裡。放入碎黃豆毛豆煎餅、酸桔醋山葵涼拌紅蘿蔔後，在空隙處放入小番茄。並在飯上附上柴漬。

利用低熱量且低醣的蒟蒻絲。
可以大吃一頓的超滿足便當。

韓式炒蒟蒻絲便當

材料（1人份）

● 韓式炒蒟蒻絲

　蒟蒻絲（汆燙去腥）… **1袋**（200g）

　豬腿肉薄片… **100g**

　洋蔥… **½個**（100g）

　新鮮香菇… **2朵**（40g）

　青椒… **2個**（70g）

　紅蘿蔔… **¼根**（40g）

A｜醬油… **2大匙**
　｜麻油、味醂… **各1大匙**

● 榨菜拌青花菜（→P113）

● 蒜香奶油蝦（→P86）

〔韓式炒蒟蒻絲〕

1 將蒟蒻絲和豬肉切成方便食用的長度。把
洋蔥、切除菇柄的香菇切成薄片。青椒和
紅蘿蔔則切成細絲。

2 在耐熱調理盆中倒入 A 混合後，放入 1 混
拌。蓋上保鮮膜後，放入微波爐中加熱10
分鐘。

〔盛裝的方法〕

將蒟蒻絲裝進便當盒裡。再放入榨菜拌青花菜、蒜
香奶油蝦。

製作時間
15分鐘

高蛋白、低熱量的雞胸肉是主角。

泰式雞肉便當

材料（1人份）

● 泰式雞肉

　雞胸肉（去皮）… ½片（150g）

A｜酒…2小匙
　｜鹽…少許

B｜長蔥碎末…¼根份
　｜醬油…1大匙
　｜砂糖、魚露…各1小匙

　檸檬片…3片

● 麥飯…120～150g

● 南洋風味醋漬蘆筍（→P103）

泰式雞肉

1 用叉子在雞肉表面各處戳洞。放在耐熱盤中灑上 **A**，蓋上保鮮膜以微波爐加熱6分鐘。放涼後斜切成方便食用的片狀。

2 在調理盆中倒入 **B** 混合。

盛裝的方法

將麥飯裝進便當盒裡，再放入檸檬、**1**，接著淋上 **2**。在麥飯的空位放上醋漬蘆筍。

製作時間
15分鐘

利用豆渣增添美味並提升分量。

豆渣乾咖哩便當

材料（1人份）

- ● 豆渣乾咖哩
  - 豆渣 … **100g**
  - 牛豬綜合絞肉 … **100g**
  - 洋蔥碎末 … ½個份（100g）
  - 蒜泥 … ½小匙
  - 水 … ½杯
- **A** 番茄醬 … 2大匙
  - 橄欖油、咖哩粉 … 各1大匙
  - 伍斯特醬 … ½大匙
  - 鹽、粗粒黑胡椒 … 各少許
- ● 溫熱的白飯 … **120～150g**
- ● 萵苣肉捲（→P54）
- ● 酸桔醋蒸油豆腐與豆苗（→P54）
- ● 櫻桃蘿蔔手鞠球（→P74）

製作時間
15分鐘

豆渣乾咖哩

在耐熱調理盆中放入豆渣、絞肉、**A**，充分攪拌均勻，蓋上保鮮膜後放入微波爐中加熱10分鐘。

盛裝的方法

將白飯裝進便當盒裡，放上乾咖哩後，如果有荷蘭芹的話，可以撒在上面。裝入萵苣肉捲，並在小紙杯中放入酸桔醋蒸油豆腐與豆苗。最後在飯的空隙處放入櫻桃蘿蔔手鞠球。

熱量遠比肉類還要低，但很有飽足感。

沙丁魚漢堡便當

製作時間
7分鐘

材料（1人份）

- 沙丁魚漢堡
  - 漢堡麵包…1個
  - 沙丁魚漢堡排（→P61）
  - 萵苣…1片
  - 番茄切片…1片
  - 美乃滋…1大匙
- 喜歡的醃漬蔬菜…適量

沙丁魚漢堡

1 將漢堡麵包橫切成一半，稍微烤過後，抹上美乃滋。

2 在1的麵包依序放上撕碎的萵苣、番茄、沙丁魚漢堡排後夾起來。

盛裝的方法

將漢堡用保鮮膜等包起來，放進袋子裡。在另一個小容器中裝入醃漬蔬菜。

PART 4

\\ 只要有這個 //
就能讓便當更充實！

好幫手飯類、
麵類、麵包 &
超簡單甜點

這個單元將介紹拌飯和炊飯、義大利麵和炒麵，
以及三明治等主食菜單與餐後甜點。
主食菜單只要利用手邊的食材和調味料就能完成，
製作甜點時也不需要用到烤箱。

好幫手飯類、麵類、麵包

不論是帶便當或當作每天的三餐都很方便，
接下來為大家提供配料滿滿的飯類、麵類和麵包的食譜。

製作時間
TOTAL
30分鐘

充滿牛肉、泡菜、蔬菜的鮮美滋味。

石鍋拌飯風味炊飯

▶ 冷藏3～4天　▶ 冷凍OK

材料（4餐份）與前置處理作業

米 … **2杯**（360㎖）
　→將米洗淨後瀝乾水分。
牛邊角肉 … **100g**→較大塊的肉要切成方便食用的大小。
菠菜 … **⅓袋**（100g）→將長度切成3㎝。
紅蘿蔔 … **½根**（80g）→切成3㎝長的細絲。
白菜泡菜（切成小塊）… **200g**

A ┃ 韓式辣椒醬、醬油、麻油 … **各2大匙**
　┃ 砂糖 … **2小匙**

在電子鍋的內鍋放入米、A，加入適量的水（分量外）至2杯的刻度處。放上牛肉、菠菜、紅蘿蔔、泡菜後，以一般煮飯的模式炊煮。煮好後大幅度混合攪拌，可依喜好撒上焙煎白芝麻。

＋浸泡30分鐘

製作時間
TOTAL
30分鐘

充滿配料鮮味的Q彈糯米飯最棒了！

中式風味炊煮油飯

▶ 冷藏3～4天　▶ 冷凍OK

材料（4餐份）與前置處理作業

糯米 … **2杯**（360㎖）
　→洗淨後泡水，靜置30分鐘後瀝乾水分。
帆立貝柱（罐頭）… **1罐**（65g）
新鮮香菇 … **2朵**（10g）→切除菇柄後，切成5㎜的小丁。
紅蘿蔔 … **⅓根**（50g）→切成5㎜的小丁。

A ┃ 醬油、麻油 … **各2大匙**
　┃ 蠔油、味醂 … **各1大匙**

在電子鍋的內鍋放入糯米、帆立貝柱罐頭的湯汁、A，加入適量的水（分量外）至2杯的刻度處。放上帆立貝柱、香菇、紅蘿蔔後，以一般煮飯的模式炊煮。煮好後大幅度混合攪拌。

用番茄汁就能快速簡單地做好。

鮪魚玉米番茄飯

▶ 冷藏3～4天 ▶ 冷凍OK

材料（4餐份）與前置處理作業

米 … **2杯**（360㎖）
　→ 將米洗淨後瀝乾水分。

鮪魚（罐頭）… **1小罐**（70g）

玉米粒（罐頭）… **1小罐**（65g）

鴻喜菇 … **½包**（50g）
　→ 切除硬蒂後剝散。

番茄汁（含鹽）… **1杯**

鹽 … **1小匙**

奶油 … **10g**

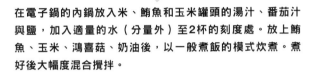

在電子鍋的內鍋放入米、鮪魚和玉米罐頭的湯汁、番茄汁與鹽，加入適量的水（分量外）至2杯的刻度處。放上鮪魚、玉米、鴻喜菇、奶油後，以一般煮飯的模式炊煮。煮好後大幅度混合攪拌。

製作時間
TOTAL
30分鐘

溫和的甜味和辛香料的香氣慢慢擴散開來。

香腸咖哩風味香料飯

▶ 冷藏3～4天 ▶ 冷凍OK

材料（4餐份）與前置處理作業

米 … **2杯**（360㎖）
　→ 將米洗淨後瀝乾水分。

維也納香腸 … **4根**（80g）
　→ 切成5㎜厚。

甜椒 … **¼個**（40g）
　→ 切成5㎜的小丁。

青椒 … **1個**（35g）
　→ 切成5㎜的小丁。

洋蔥碎末 … **½個份**（100g）

A　｜醬油、番茄醬、伍斯特醬、鹽
　　… 各1小匙
　　咖哩粉 … ½大匙

奶油 … **10g**

在電子鍋的內鍋放入米、A，加入適量的水（分量外）至2杯的刻度處。放上維也納香腸、甜椒、青椒、洋蔥、奶油後，以一般煮飯的模式炊煮。煮好後大幅度混合攪拌。

製作時間
TOTAL
30分鐘

好幫手飯類

鮭魚的鮮味和鹹味讓白飯變得更美味。

鮭魚小松菜拌飯

▶ 冷藏3～4天　▶ 冷凍OK

材料（4餐份）與前置處理作業

溫熱的白飯 … 700g

碎鮭魚肉 … 50g

小松菜 … 1袋（300g）
→ 將小松菜切碎，放入耐熱調理盆中，蓋上保鮮膜後放入微波爐中加熱2分鐘。

A
｜ 焙煎白芝麻 … 2大匙
｜ 日式麵味露（原液）… 2大匙
｜ 麻油 … 1大匙
｜ 鹽 … 少許

⬇

在較大的調理盆中放入白飯、碎鮭魚肉、小松菜、A，大幅度混合攪拌。

製作時間
TOTAL
10分鐘

當然很適合帶便當，也能拿來當作喝酒後的收尾料理。

醃漬芥菜吻仔魚拌飯

▶ 冷藏3～4天　▶ 冷凍OK

材料（4餐份）與前置處理作業

溫熱的白飯 … 700g

醃漬芥菜 … 100g
→ 細細切碎。

吻仔魚乾 … 40g

A
｜ 焙煎白芝麻 … 1大匙
｜ 麻油 … 1大匙
｜ 醬油 … 2小匙

⬇

在較大的調理盆中放入白飯、醃漬芥菜、吻仔魚乾、A，大幅度混合攪拌。

製作時間
TOTAL
7分鐘

能享受醬油拌柴魚、燒烤雞肉2種口味。

口袋飯糰

▶ 冷藏3～4天　▶ 冷凍OK

材料（4餐份）與前置處理作業

溫熱的白飯 … 640g
→ 加入少許鹽拌勻。

烤海苔（大片） … 4片

燒烤雞肉（罐頭） … 2罐（170g）

A｜**柴魚片** … 1袋（5g）
　｜**焙煎白芝麻** … 2大匙
　｜**醬油、麻油** … 各2小匙
→ 在調理盆中放入A混合攪拌。

⬇

將4片海苔鋪好後放上均等的白飯，在其中2份放上燒烤雞肉、另外2份則放上A包捲起來。最後用保鮮膜包起來切成一半。

製作時間
TOTAL
15分鐘

加入紅薑的飯與鹹鹹甜甜的肉形成對比，十分美味。

鹹甜風味肉捲飯糰

▶ 冷藏3～4天　▶ 冷凍OK

材料（4餐份）與前置處理作業

溫熱的白飯 … 400g

豬腿肉薄片 … 4片（80g）

紅薑碎末 … 20g份
→ 在較大的調理盆中放入白飯，加入紅薑混合攪拌。分成4等分後捏成圓柱狀，用肉片包捲起來。

A｜**味醂、醬油** … 各2大匙

青紫蘇葉 … 4片
→ 去除葉片的梗。

⬇

將平底鍋以中火加熱，放入包好的肉捲飯糰，一邊翻動一邊煎熟。加入A裹滿醬汁後，取出用青紫蘇葉包起來。

製作時間
TOTAL
15分鐘

日本山口縣當地的傳統料理也能用來做便當。

瓦片蕎麥麵

▶ 冷藏3～4天　▶ 冷凍OK

材料（4餐份）與前置處理作業

水煮茶蕎麥麵 … 2球（260g）

牛邊角肉 … 200g
　→ 較大塊的肉要切成方便食用的大小。

沙拉油 … 1大匙

A｜味醂、醬油 … 各2大匙

【裝便當當天的準備】

海苔絲、青蔥蔥花、細蛋絲（市售品）
　… 各適量

日式麵味露（甜味）… 1杯

⬇

在平底鍋中倒入沙拉油加熱，放入蕎麥麵拌炒至變得脆脆硬硬。在平底鍋空出來的位置放入牛肉，炒到變色後加入A裹滿醬汁。

裝便當的**當天**，將蕎麥麵裝入便當盒後，放上牛肉、海苔絲、青蔥、細蛋絲。要吃的時候再淋上日式麵味露。

製作時間 TOTAL 10分鐘

用味醂和番茄醬做出淡淡的甜味。

洋食店風味
茄汁義大利麵

▶ 冷藏3～4天　▶ 冷凍OK

材料（4餐份）與前置處理作業

義大利麵（乾燥）… 200g
　→ 參照包裝袋上的標示，放入加了少許鹽的熱水煮熟後瀝乾水分。

維也納香腸 … 4根（80g）→ 斜切成薄片。

青椒 … 2個（70g）→ 切成薄薄的圓片。

洋蔥 … ½個（100g）→ 縱切成薄片。

橄欖油 … 2大匙

A｜番茄醬 … 4大匙　醬油、味醂 … 各2小匙

【裝便當當天的準備】

起司粉 … 適量

⬇

在平底鍋中倒入橄欖油以中火加熱，放入維也納香腸、青椒、洋蔥拌炒。待整體都沾附上油脂後，加入義大利麵、A讓整體裹滿醬汁。

當天要吃的時候再撒上起司粉。

製作時間 TOTAL 15分鐘

用伍斯特醬做出滋味令人懷念的炒烏龍麵。

燒肉牛蒡炒烏龍

▶ 冷藏3～4天　▶ 冷凍OK

材料（4餐份）與前置處理作業

水煮烏龍麵 … 2球（400g）

牛邊角肉 … 200g
→ 較大塊的肉要切成方便食用的大小。

牛蒡 … 1根（150g）
→ 用鬃刷把表皮刷洗乾淨後，以菜刀削成細長的薄片。

紅蘿蔔 … ½根（80g）
→ 切成5cm長的細絲。

麻油 … 2大匙

A
日式麵味露（原液）… 3大匙
伍斯特醬、味醂 … 各1大匙
和風高湯粉（顆粒）… 1小匙

在平底鍋中倒入麻油以中火加熱，放入牛肉、牛蒡、紅蘿蔔拌炒。炒到牛肉變色後放入烏龍麵拌炒，加入A讓整體裹上醬汁。

製作時間 TOTAL 15分鐘

甜中帶辣，特製肉味噌是這道料理的關鍵。

乾拌擔擔麵

▶ 冷藏3～4天　▶ 冷凍OK

材料（4餐份）與前置處理作業

水煮中式油麵 … 2球（260g）
→ 放入耐熱調理盆中，灑上1大匙水，蓋上保鮮膜後放入微波爐中加熱2分鐘。

豆苗 … 1袋（250g）
→ 切除根部後把長度切成一半。放入耐熱調理盆中，蓋上保鮮膜後放入微波爐中加熱1分鐘。

豬絞肉 … 160g

A
蒜泥 … 1小匙
磨碎的白芝麻 … 2大匙
醋、醬油 … 各1大匙
味噌 … 2小匙
蠔油、辣油 … 各1小匙
砂糖 … ½小匙

在耐熱調理盆中放入絞肉和A混合，蓋上保鮮膜後放入微波爐中加熱5分鐘，取出繼續攪拌。

裝便當的當天，在便當盒中裝入中式油麵，再放上豆苗和肉味噌。

製作時間 TOTAL 15分鐘

+當天7分鐘

製作時間
TOTAL
10分鐘

薑味濃郁的漢堡排也很卜散。

薑汁豬肉堡

▶ 冷藏3～4天　▶ 冷凍OK

材料（4餐份）與前置處理作業

【薑汁豬肉漢堡排】

豬絞肉 … 200g

A │ 青蔥蔥花 … 1根份
　│ 薑泥 … 1小匙　片栗粉 … 1大匙
　→ 在調理盆中放入絞肉，加入A充分攪拌均勻，
　　 分成4等分後整成圓形。

麻油 … 1小匙

B │ 醬油 … 1又½大匙　酒、味醂 … 各1大匙

【裝便當當天的準備】

漢堡麵包 … 4個→橫切成一半。

皺葉萵苣 … 4片

番茄切片 … 4片

洋蔥薄片 … 適量→泡水後瀝乾水分。

美乃滋 … 適量

⬇

在平底鍋中倒入麻油以中火加熱，放入漢堡排把兩面完全煎熟。加入B後快速讓漢堡排裹上醬汁。

裝便當的當天，在下半部的漢堡麵包依序放上皺葉萵苣、番茄、洋蔥、漢堡排，擠上美乃滋後蓋上麵包夾起。

抹醬除了可用來做三明治，也很適合配生菜一起吃。

鮭魚乳酪抹醬三明治

▶ 冷藏3天

材料（4餐份）與前置處理作業

【鮭魚乳酪抹醬】

碎鮭魚肉 … 25g

奶油乳酪 … 50g→置於室溫回軟。

A │ 鹽、胡椒 … 各少許

【裝便當當天的準備】

三明治用吐司 … 6片

萵苣 … 適量

喜歡的果醬 … 2大匙

⬇

將碎鮭魚肉、奶油乳酪、A放入調理盆中混合攪拌。

裝便當的當天，在2片吐司放上萵苣，塗上鮭魚乳酪抹醬後，再分別用一片吐司夾起來。在一片吐司抹上果醬，並用另一片吐司夾起。分別用保鮮膜包起來後，切成一半。

+當天5分鐘

製作時間
TOTAL
5分鐘

用稍軟的長棍麵包夾起來就比較方便食用。

鯖魚三明治

▶ 冷藏 3～4 天

材料（4餐份）與前置處理作業

【鹽烤鯖魚】

鯖魚切片 … 4片（400g）
→ 撒上各少許的鹽和粗粒黑胡椒。

橄欖油 … 1大匙

【裝便當當天的準備】

長棍麵包 … 1條（60cm）
→ 將長度切成4等分後，再把厚度切成一半，抹上適量的顆粒芥末醬。

萵苣 … 4片

洋蔥薄片 … 適量 → 泡水後瀝乾水分。

檸檬汁 … 適量

⬇

在平底鍋中倒入橄欖油以中火加熱，放入鯖魚把兩面煎至呈現漂亮的顏色。

裝便當的當天，在下半部的長棍麵包依序放上萵苣、鹽烤鯖魚、洋蔥，灑上檸檬汁後蓋上麵包夾起。

+當天 **7** 分鐘

製作時間
TOTAL
5 分鐘

Ressource européenne: Monastère
ntmichel Sur l'imbécile du port. Il a
vert vert, l'île de Malte.

塞進竹輪裡的起司是絕妙巧思。

炸竹輪大亨堡

▶ 冷藏 3～4 天　▶ 冷凍 OK

材料（4餐份）與前置處理作業

【炸竹輪】

竹輪 … 4根（120g）

小分量起司塊 … 1個（15g）
→ 配合竹輪的洞把起司塊縱向切成4等分，塞進竹輪中間的洞裡。

A 　| 青海苔粉 … 1小匙　麵粉 … 3大匙
　　| 水 … 2大匙　美乃滋 … 1小匙

橄欖油 … 2大匙

【裝便當當天的準備】

大亨堡麵包 … 4個 → 縱向劃出一道切口。

萵苣 … 4片

番茄醬 … 適量

⬇

將 A 放入調理盆中混合。在平底鍋中倒入橄欖油加熱，把竹輪沾滿 A 後放入，一邊轉動一邊以半煎炸的方式炸熟。

裝便當的當天，在大亨堡麵包中夾入萵苣後放上炸竹輪，最後擠上番茄醬。

+當天 **3** 分鐘

製作時間
TOTAL
7 分鐘

接下來為大家介紹很適合用來帶便當的甜點食譜。
不管哪一道都能用手邊現有的食材簡單完成。

只要將材料混合後倒進模具微波就好。

OREO蒸麵包

▶ 冷藏4～5天　▶ 冷凍OK

材料（直徑5cm的蒸麵包用模具8個份）

喜歡的餅乾 … 4片
→ 剝成4塊。

麵粉 … 100g
→ 過篩備用。

雞蛋 … 1顆

A ┃ 牛奶 … ¼杯
┃ 砂糖 … 3大匙
┃ 沙拉油 … 1大匙
┃ 泡打粉 … 1小匙

⬇

將蛋在調理盆中打散，加入麵粉、A後用打蛋器混拌。將麵糊均等地倒入模具後，插入餅乾。蓋上保鮮膜後放入微波爐中加熱3分鐘。

將水果的甜味和酸味都封在牛奶寒天凍裡。

牛奶水果寒天凍

▶ 冷藏3～4天

材料（方便製作的分量）與前置處理作業

綜合水果（罐頭）… 1罐（190g）
→ 稍微瀝乾汁液。

牛奶 … 1杯
寒天粉 … 2g
砂糖 … 20g

⬇

在鍋中放入牛奶、寒天粉後，以中火加熱1～2分鐘。寒天粉溶解後加入砂糖，再加入綜合水果。倒入密封容器放涼後，放進冰箱冷藏1小時以上使寒天凝固。

用電烤箱就能完成，濃郁美味的司康餅。

酥脆起司司康餅

▶ 冷藏1週　▶ 冷凍OK

材料（8個份）與前置處理作業

麵粉 … 220g
→ 過篩備用。

A
| **無鹽奶油** … 60g
| **泡打粉** … 8g
| **鹽** … 少許

B
| **起司粉** … 2大匙
| **牛奶** … 70g
| **砂糖** … 50g

在較大的調理盆中放入麵粉、A，用手搓成乾乾鬆鬆的顆粒狀。加入B後用橡皮刮刀混拌，把麵團分成8等分並揉成球狀。擺放在鋪有鋁箔紙的烤盤上，放入電烤箱中烘烤15分鐘。烤到一半時如果覺得好像快要燒焦，可以蓋上一張鋁箔紙。

製作時間
TOTAL
25分鐘

棉花糖稍微烤過後，把堅果塞入棉花糖裡再烤一下即可。

超簡單堅果餅乾

▶ 冷藏1週　▶ 冷凍OK

材料（10個份）與前置處理作業

綜合堅果 … 10顆
棉花糖 … 5個
→ 切成一半。

將棉花糖排放在鋪有鋁箔紙的烤盤上，放入電烤箱中烘烤5分鐘。棉花糖融化後，將堅果一顆一顆塞入，一邊觀察烘烤的狀況一邊再烤5～10分鐘。

超簡單甜點

製作時間
TOTAL
15分鐘

具有穀麥片的口感與巧克力濃郁滋味的超棒點心。

穀麥巧克力棒

▶ 冷藏4～5天　▶ 冷凍OK

材料（10×15cm的淺盤1個份）與前置處理作業

穀麥片 … 200g
片狀巧克力 … 50g
棉花糖 … 100g
無鹽奶油 … 10g

⬇

在調理盆中放入穀麥片、巧克力、棉花糖、奶油。煮沸鍋中的水後，將調理盆隔著熱水加熱，攪拌至食材融化。倒入淺盤中放涼後，放進冰箱冷藏30分鐘以上使其凝固。取出切成方便食用的大小。

+冷藏凝固30分鐘

製作時間
TOTAL
10分鐘

外觀很樸素，卻帶有濃郁的風味。

超簡單地瓜燒

▶ 冷藏1週　▶ 冷凍OK

材料（直徑5cm的鋁箔杯8個份）

地瓜 … 1條（300g）
　→ 去皮後切成2cm的塊狀，放入調
　　理盆中，灑上少許水。蓋上保鮮
　　膜後放入微波爐中加熱8分鐘。
A｜牛奶 … 60㎖
　｜無鹽奶油 … 10g
　｜砂糖 … 1大匙
打散的蛋黃 … 1顆份
焙煎黑芝麻 … 適量

⬇

將地瓜趁熱壓碎後，加入 A 混合攪拌。均等地填入鋁箔杯後調整一下形狀，塗上蛋黃並撒上芝麻。排放在烤盤上，放入電烤箱中烘烤15分鐘。烤到一半時如果覺得好像快要燒焦，可以蓋上一張鋁箔紙。

製作時間
TOTAL
25分鐘

用平底鍋就能快速做好這點也很吸引人。

糖煮肉桂蘋果

▶ 冷藏1週　▶ 冷凍OK

材料（4餐份）與前置處理作業

蘋果 … 1個
→ 將蘋果帶皮直接切成12等分的瓣狀，去除蒂頭和籽。

無鹽奶油 … 10g
砂糖 … 1大匙
肉桂粉 … 1小匙

⬇

在平底鍋中放入奶油，用中火煮融奶油後放入蘋果，把兩面煎過。蘋果變軟後加入砂糖和肉桂粉，熬煮至產生黏稠度為止。

製作時間
TOTAL
10分鐘

用加入豆腐的麵團製作，口感輕盈又健康。

圓滾滾甜甜圈

▶ 冷藏1週　▶ 冷凍OK

材料（20個份）

嫩豆腐 … ²/₃塊（200g）
→ 稍微瀝乾水分後，放入較大的調理盆中壓碎。

鬆餅粉 … 200g
油炸油 … 適量
片狀巧克力 … 50g
→ 放入耐熱調理盆中，加入1大匙牛奶後，不需蓋上保鮮膜，直接放入微波爐中加熱1分鐘。

黃豆粉、糖粉 … 各適量

⬇

在放有豆腐的調理盆中倒入鬆餅粉，充分攪拌均勻。用2支湯匙把麵團做成圓形後，放入加熱至180℃的油鍋中，油炸至變得脆硬。可依喜好撒上黃豆粉、糖粉，或是沾上巧克力。

超簡單甜點

製作時間
TOTAL
20分鐘

133

只要有常備菜也能輕鬆做出豪華便當！

郊遊便當

天氣晴朗且心情很好的日子，不妨帶著便當出門走走吧！
如果有常備菜的話，只要花平常一半的時間就能做出美味便當。

外出野餐或到附近的公園散步。
裝滿色彩豐富的料理。

野餐便當

材料（方便製作的分量）

● 3種飯糰
　鮭魚小松菜拌飯（→P124）
　米…2杯
　玉米粒（罐頭）…1小罐（65g）
　A｜ 鹽…1小匙
　　｜ 奶油…10g
　紅紫蘇粉…1大匙
● 柴魚酸桔醋拌秋葵
　秋葵…1包（15根）
　B｜ 柴魚片…½袋（2g）
　　｜ 酸桔醋醬油…1大匙
● 西式風味炸蝦（→P62）
● 明太子海苔高湯蛋捲（→P88）
● 千層櫛瓜與茄子（→P62）
● 超簡單地瓜燒（→P132）

製作時間
20分鐘

3種飯糰

1　將米洗淨後，以一般方式炊煮備用。將白飯分成2份，在其中一份加入瀝乾湯汁的玉米粒和A混合。剩下的另一份則加入紅紫蘇粉混合攪拌。

2　在雙手分別沾上一點水（分量外）後，把鮭魚小松菜拌飯、1分別塑形成直徑3cm的球狀。

柴魚酸桔醋拌秋葵

1　在秋葵抹上少許鹽（分量外），用熱水汆燙後放入冷水中。取出擦乾水分，切除蒂頭後再切成1cm厚。

2　在調理盆中放入1、B混合。

盛裝的方法

取一容器裝入3種飯糰。在另一個容器內放入分隔板後，分別放入炸蝦和煎蛋捲。再取一容器放入小紙杯，填入柴魚酸桔醋拌秋葵、千層櫛瓜與茄子、地瓜燒。

為大家準備了便於攜帶、方便品嚐的食譜。

運動會便當

+醃漬20分鐘
製作時間
10分鐘

材料（方便製作的分量）

- 日式麵味露漬小黃瓜
  小黃瓜…1根
  日式麵味露（原液）…1大匙
- 鮭魚乳酪抹醬三明治（→P128）
- 多汁炸雞（→P39）
- 紅紫蘇拌花椰菜（→P113）
- 起司焗烤綠豆芽（→P39）
- 牛奶水果寒天凍（→P130）

日式麵味露漬小黃瓜

1　在塑膠袋內放入小黃瓜和日式麵味露後搓揉一番，靜置約20分鐘。

2　將1切成4等分，插入小叉子。

盛裝的方法

取一容器裝入三明治。在另一個容器內放入小杯子後，裝入日式麵味露漬小黃瓜，如果有萵苣的話，可以先鋪在小杯子裡，再分別放入炸雞、紅紫蘇拌花椰菜、起司焗烤綠豆芽。最後取另外的容器裝入切成小塊的寒天凍。

活用春季的當令食材。
主菜則是豆皮壽司。

賞花便當

材料（方便製作的分量）

● 開放式豆皮壽司

　溫熱的白飯…**700g**

　甜煮油豆皮（市售品）…**6～8片**

　碎鮭魚肉、細蛋絲（市售品）、

　　水煮毛豆…**各適量**

　A｜醋、砂糖…**各2大匙**
　　｜鹽…**⅓小匙**

● 醋味噌拌竹筍與海帶芽

　水煮竹筍…**200g**

　海帶芽（乾燥）…**5g**

　B｜白味噌…**2大匙**
　　｜醋、砂糖…**各1大匙**

● 蒲燒秋刀魚煎蛋捲

　雞蛋…**2顆**

　蒲燒秋刀魚（罐頭）…**1罐**（100g）

　沙拉油…**適量**

● 高麗菜吻仔魚酸桔醋沙拉（→P96）

● 甜鹹牛肉牛蒡捲（→P80）

● 櫻桃蘿蔔手鞠球（→P74）

● 梅花紅蘿蔔（→P74）

開放式豆皮壽司

1 在調理盆中放入白飯，加入混合好的 **A** 快速攪拌均勻。

2 將 **1** 填入油豆皮後，放上碎鮭魚肉、細蛋絲和毛豆。

醋味噌拌竹筍與海帶芽

1 將竹筍切成薄片，放入耐熱調理盆中，蓋上保鮮膜後放入微波爐中加熱2分鐘。海帶芽泡水還原後，擠乾水分。

2 在調理盆中倒入 **B** 混合後，放入 **1** 攪拌。

蒲燒秋刀魚煎蛋捲

1 將蛋在調理盆中打散。

2 將沙拉油倒入煎蛋鍋中加熱，倒入 ⅓ 的 **1**，在另一側放上秋刀魚後捲起。將剩下的蛋液分成2次倒入並煎好蛋捲。大略放涼後切成4等分。

盛裝的方法

將豆皮壽司裝入容器中，放上小紙杯後放入牛肉牛蒡捲。在另一個容器內放入煎蛋捲和沙拉，並在空隙處填入櫻桃蘿蔔手鞠球和梅花紅蘿蔔。最後取一容器放入醋味噌拌竹筍與海帶芽。

製作時間 **40** 分鐘

食材分類索引

雞肉

泰式雞肉 · · · · · · · · · · · · · · · · · · 118
鮮嫩口水雞 · · · · · · · · · · · · · · · 36
多汁炸雞 · · · · · · · · · · · · · · · · · · 39
香煎多汁翅小腿 · · · · · · · · · · · 77
韓式辣炒起司雞 · · · · · · · · · · · 77
辛香料烤雞翅 · · · · · · · · · · · · · 37
照燒美乃滋雞肉 · · · · · · · · · · · 76
甜辣雞肉 · · · · · · · · · · · · · · · · · · 76
蔬菜雞肉捲 · · · · · · · · · · · · · · · 35
韓式辣雞 · · · · · · · · · · · · · · · · · · 38

豬肉

鹹甜風味肉捲飯糰 · · · · · · · · · 125
骰子糖醋豬肉 · · · · · · · · · · · · · 79
超快速回鍋肉 · · · · · · · · · · · · · 44
韓式炒蒟蒻絲 · · · · · · · · · · · · · 117
甜椒炒肉絲 · · · · · · · · · · · · · · · 78
名古屋風味噌豬排 · · · · · · · · · 78
雞蛋肉捲 · · · · · · · · · · · · · · · · · · 89
梅肉紫蘇豬肉捲 · · · · · · · · · · · 79
味噌烤豬肉 · · · · · · · · · · · · · · · 41
薑燒豬肉 · · · · · · · · · · · · · · · · · · 42
特製燉煮豬五花 · · · · · · · · · · · 43
捲捲炸豬排 · · · · · · · · · · · · · · · 45

牛肉

瓦片蕎麥麵 · · · · · · · · · · · · · · · 126
蠔油炒牛肉青江菜 · · · · · · · · · 80
甜鹹牛肉牛蒡捲 · · · · · · · · · · · 80
牛肉蔬菜起司包 · · · · · · · · · · · 48
牛蒡紅蘿蔔牛肉捲 · · · · · · · · · 49
骰子牛排 · · · · · · · · · · · · · · · · · · 81
鹽味馬鈴薯燉肉 · · · · · · · · · · · 47
石鍋拌飯風味炊飯 · · · · · · · · · 122
西式燉牛肉 · · · · · · · · · · · · · · · 81
燒肉牛蒡炒烏龍 · · · · · · · · · · · 127

絞肉

▶牛豬綜合絞肉
豆渣乾咖哩 · · · · · · · · · · · · · · · 119
燉煮漢堡排 · · · · · · · · · · · · · · · 82
青椒鑲肉 · · · · · · · · · · · · · · · · · · 55
萵苣肉捲 · · · · · · · · · · · · · · · · · · 54

▶雞絞肉
手工製小雞塊 · · · · · · · · · · · · · 52
打拋雞肉炒蔬菜 · · · · · · · · · · · 53
雞肉磯邊捲 · · · · · · · · · · · · · · · 82
鬆軟豆腐雞肉丸子 · · · · · · · · · 90
馬賽克拼貼飯 · · · · · · · · · · · · · 94

▶豬絞肉
油豆腐鑲肉 · · · · · · · · · · · · · · · 91
自家特製燒賣 · · · · · · · · · · · · · 51
乾拌擔擔麵 · · · · · · · · · · · · · · · 127
薑汁豬肉堡 · · · · · · · · · · · · · · · 128
味噌風味韓式炒冬粉 · · · · · · · 65

肉類加工製品

▶維也納香腸
香腸咖哩風味香料飯 · · · · · · · · 123
外星人香腸 · · · · · · · · · · · · · · · 73
橡實香腸 · · · · · · · · · · · · · · · · · · 73
洋食店風味茄汁義大利麵 · · · 126

▶生火腿
吐司鹹派 · · · · · · · · · · · · · · · · · · 66

▶火腿
花朵火腿蛋 · · · · · · · · · · · · · · · 45
千層櫛瓜與茄子 · · · · · · · · · · · 62
涼拌蘿蔔絲火腿 · · · · · · · · · · · 98
花朵火腿 · · · · · · · · · · · · · · · · · · 73
青花菜花束 · · · · · · · · · · · · · · · 74
芥末黃豆芽沙拉 · · · · · · · · · · · 111

▶培根
超簡單平面歐姆蛋 · · · · · · · · · 89
櫛瓜培根捲 · · · · · · · · · · · · · · · 83

蒜香培根高麗菜 · · · · · · · · · · · 61
萵苣培根捲 · · · · · · · · · · · · · · · 83

▶燒烤雞肉（罐頭）
口袋飯糰 · · · · · · · · · · · · · · · · · · 125

海鮮

▶竹筴魚
酥炸竹筴魚 · · · · · · · · · · · · · · · 84

▶花枝
西洋芹炒花枝 · · · · · · · · · · · · · 63

▶蝦子
蒜香奶油蝦 · · · · · · · · · · · · · · · 86
西式風味炸蝦 · · · · · · · · · · · · · 62

▶鮭魚
蒸煮鮭魚高麗菜 · · · · · · · · · · · 58
山葵美乃滋烤鮭魚 · · · · · · · · · 59

▶鯖魚
鯖魚三明治 · · · · · · · · · · · · · · · 129

▶鱈魚
嫩煎咖哩鱈魚 · · · · · · · · · · · · · 84

▶帆立貝柱
照燒帆立貝柱 · · · · · · · · · · · · · 87

海鮮加工製品

▶鯷魚
鯷魚蘆筍沙拉 · · · · · · · · · · · · · 102
鯷魚炒蕪菁 · · · · · · · · · · · · · · · 70
香草麵包粉烤洋蔥 · · · · · · · · · 59
鯷魚菠菜沙拉 · · · · · · · · · · · · · 109

▶沙丁魚魚漿
沙丁魚漢堡排 · · · · · · · · · · · · · 61

▶蟹味棒
蘆筍蟹味棒沙拉 · · · · · · · · · · · 103
魚肉香腸＆蟹味棒蘋果 · · · · · 73
中式風味鬆軟炒蛋 · · · · · · · · · 88

青花菜蟳味棒沙拉 ………… 112

▶魚板

魚板玫瑰花 …………………… 73

▶辣味明太子

明太子海苔高湯蛋捲 ………… 88
明太子拌蓮藕 ………………… 115

▶魚肉香腸

魚肉香腸&蟳味棒蘋果 ……… 73

▶櫻花蝦

涼拌高麗菜櫻花蝦 …………… 97
泰式涼拌綠豆芽 ……………… 110

▶碎鮭魚肉

開放式豆皮壽司 ……………… 137
鮭魚乳酪抹醬三明治 ………… 128
鮭魚小松菜拌飯 ……………… 124
鮭魚馬鈴薯可樂餅 …………… 86
馬賽克拼貼飯 ………………… 94

▶薩摩炸魚板

蠔油煮白蘿蔔薩摩炸魚板 …… 67

▶水煮鯖魚（罐頭）

罐頭鯖魚咖哩 ………………… 57

▶味噌鯖魚（罐頭）

罐頭鯖魚炒蔬菜 ……………… 87

▶蒲燒秋刀魚（罐頭）

蒲燒秋刀魚煎蛋捲 …………… 137

▶柳葉魚

柳葉魚南蠻漬 ………………… 85

▶白肉魚魚漿

酥炸白肉魚天婦羅 …………… 60

▶鱈魚子

涼拌紅蘿蔔鱈魚子 …………… 99

▶竹輪

炸竹輪大亨堡 ………………… 129
咖哩海苔風味炸竹輪 ………… 41
清炒竹輪與馬鈴薯青椒 ……… 35
連環竹輪 ……………………… 73
中式涼拌紅蘿蔔竹輪 ………… 98
梅肉煮羊栖菜 ………………… 42

▶吻仔魚乾

高麗菜吻仔魚酸桔醋沙拉 …… 96
醃漬芥菜吻仔魚拌飯 ………… 124
中式涼拌青江菜與吻仔魚 …… 109
碎黃豆毛豆煎餅 ……………… 90

▶鮪魚（罐頭）

油豆腐披薩 …………………… 91
鹽味鮪魚拌牛蒡 ……………… 114
鮪魚玉米番茄飯 ……………… 123
味噌鮪魚拌甜椒 ……………… 105
辛香料美乃滋拌舞菇鮪魚 …… 107

▶帆立貝柱（罐頭）

中式風味炊煮油飯 …………… 122

▶水煮章魚腳

青海苔風味炸章魚 …………… 85

蛋、蛋類加工製品

沙丁魚漢堡排 ………………… 61
甜醋拌蛋絲四季豆 …………… 101
開放式豆皮壽司 ……………… 137
手工製小雞塊 ………………… 52
花朵火腿蛋 …………………… 45
OREO蒸麵包 ………………… 130
彩色蛋 ………………………… 73
酥炸竹筴魚 …………………… 84
瓦片蕎麥麵 …………………… 126
超簡單平面歐姆蛋 …………… 89
山苦瓜炒蛋 …………………… 51
蒲燒秋刀魚煎蛋捲 …………… 137
吐司鹹派 ……………………… 66
雞蛋沙拉 ……………………… 93

雞蛋豆皮福袋 ………………… 67
中式風味鬆軟炒蛋 …………… 88
雞蛋肉捲 ……………………… 89
愛心煎蛋捲 …………………… 73
鬆軟豆腐餅 …………………… 69
明太子海苔高湯蛋捲 ………… 88
馬賽克拼貼飯 ………………… 94
起司焗烤綠豆芽 ……………… 39
香辣綠豆芽蒸蛋 ……………… 65
萵苣肉捲 ……………………… 54

豆類、黃豆製品

▶油豆腐

中式油豆腐煮鴻喜菇 ………… 70
酸桔醋蒸油豆腐與豆苗 ……… 54
油豆腐鑲肉 …………………… 91
油豆腐披薩 …………………… 91

▶油豆皮

開放式豆皮壽司 ……………… 137
雞蛋豆皮福袋 ………………… 67
高湯浸煮水菜與豆皮 ………… 108

▶毛豆

毛豆串 ………………………… 74
開放式豆皮壽司 ……………… 137
碎黃豆毛豆煎餅 ……………… 90
西式風味炒豆腐 ……………… 49

▶豆渣

豆渣乾咖哩 …………………… 119

▶嫩豆腐

圓滾滾甜甜圈 ………………… 133

▶黃豆粉

圓滾滾甜甜圈 ………………… 133

▶蒸黃豆

辛香料炒黃豆 ………………… 71
碎黃豆毛豆煎餅 ……………… 90

食材分類索引

▶ **蒸綜合豆類**

西式風味蓮藕沙拉 ……………… 115

▶ **板豆腐**

鬆軟豆腐雞肉丸子 ……………… 90

鬆軟豆腐餅 …………………… 69

西式風味炒豆腐 ……………… 49

乳製品

▶ **牛奶**

OREO蒸麵包 ………………… 130

超簡單地瓜燒 ………………… 132

酥脆起司司康餅 ……………… 131

吐司鹹派 ……………………… 66

牛奶水果寒天凍 ……………… 130

▶ **奶油乳酪**

鮭魚乳酪抹醬三明治 ………… 128

柴魚奶油乳酪拌青花菜 ……… 112

▶ **起司粉**

酥脆起司司康餅 ……………… 131

櫛瓜培根捲 …………………… 83

洋食店風味茄汁義大利麵 …… 126

▶ **起司片**

牛肉蔬菜起司包 ……………… 48

捲捲炸豬排 …………………… 45

▶ **披薩用起司絲**

油豆腐披薩 …………………… 91

吐司鹹派 ……………………… 66

韓式辣炒起司雞 ……………… 77

焗烤山藥杯 …………………… 52

起司焗烤綠豆芽 ……………… 39

▶ **小分量起司塊**

炸竹輪大亨堡 ………………… 129

西式風味炸蝦 ………………… 62

小番茄夾起司 ………………… 74

蔬菜

▶ **青紫蘇葉**

鹹甜風味肉捲飯糰 …………… 125

沙丁魚漢堡排 ………………… 61

梅肉紫蘇拌金針菇 …………… 107

梅肉紫蘇豬肉捲 ……………… 79

捲捲炸豬排 …………………… 45

▶ **青蔥**

瓦片蕎麥麵 …………………… 126

味噌美乃滋烤香菇 …………… 55

中式風味鬆軟炒蛋 …………… 88

味噌風味韓式炒冬粉 ………… 65

▶ **秋葵**

柴魚酸桔醋拌秋葵 …………… 134

▶ **蕪菁**

鰻魚炒蕪菁 …………………… 70

甜醋煮蕪菁 …………………… 57

▶ **南瓜**

南瓜糰子 ……………………… 74

中式香辣南瓜 ………………… 63

辛香料烤根莖蔬菜 …………… 66

▶ **花椰菜**

紅紫蘇拌花椰菜 ……………… 113

甜醋漬花椰菜 ………………… 113

▶ **高麗菜**

涼拌高麗菜櫻花蝦 …………… 97

高麗菜吻仔魚酸桔醋沙拉 …… 96

柴魚美乃滋拌高麗菜 ………… 96

涼拌高麗菜滑菇 ……………… 97

超快速回鍋肉 ………………… 44

蒸煮鮭魚高麗菜 ……………… 58

罐頭鯖魚炒蔬菜 ……………… 87

韓式辣炒起司雞 ……………… 77

蒜香培根高麗菜 ……………… 61

油醋拌紫甘藍 ………………… 97

▶ **小黃瓜**

魚板玫瑰花 …………………… 73

風車小黃瓜 …………………… 74

日式麵味露漬小黃瓜 ………… 136

▶ **綠蘆筍**

金平風味綠蘆筍 ……………… 103

蘆筍蟳味棒沙拉 ……………… 103

鰻魚蘆筍沙拉 ………………… 102

梅肉柴魚拌蘆筍 ……………… 102

南洋風味醋漬蘆筍 …………… 103

▶ **水芹**

吐司鹹派 ……………………… 66

▶ **山苦瓜**

山苦瓜炒蛋 …………………… 51

▶ **牛蒡**

鹹甜風味涼拌牛蒡 …………… 114

甜鹹牛肉牛蒡捲 ……………… 80

牛蒡紅蘿蔔牛肉捲 …………… 49

鹽味鮪魚拌牛蒡 ……………… 114

燒肉牛蒡炒烏龍 ……………… 127

▶ **小松菜**

打拋雞肉炒蔬菜 ……………… 53

柚子胡椒拌小松菜 …………… 109

鮭魚小松菜拌飯 ……………… 124

▶ **四季豆**

甜醋拌蛋絲四季豆 …………… 101

涼拌杏仁四季豆 ……………… 101

南洋風味四季豆沙拉 ………… 100

鹽昆布拌四季豆 ……………… 101

尼斯風味四季豆沙拉 ………… 100

蔬菜雞肉捲 …………………… 35

▶ **獅子唐青椒**

味噌烤豬肉 …………………… 41

▶ **茼蒿**

韓式茼蒿沙拉 ………………… 108

▶櫛瓜

牛肉蔬菜起司包 ············· 48
千層櫛瓜與茄子 ············· 62
櫛瓜培根捲 ················· 83
香辣燉蔬菜 ················· 53

▶西洋芹

西洋芹炒花枝 ··············· 63

▶白蘿蔔、白蘿蔔葉

蠔油煮白蘿蔔薩摩炸魚板 ······ 67

▶洋蔥

香腸咖哩風味香料飯 ·········123
豆渣乾咖哩 ················119
打拋雞肉炒蔬菜 ············· 53
咖哩風味韓式炒冬粉 ········· 43
骰子糖醋豬肉 ··············· 79
罐頭鯖魚咖哩 ··············· 57
罐頭鯖魚炒蔬菜 ············· 87
鹽味馬鈴薯燉肉 ············· 47
柳葉魚南蠻漬 ··············· 85
韓式炒蒟蒻絲 ··············117
酥炸白肉魚天婦羅 ··········· 60
香草麵包粉烤洋蔥 ··········· 59
雞肉磯邊捲 ················· 82
燉煮漢堡排 ················· 82
西式燉牛肉 ················· 81
青椒鑲肉 ··················· 55
香辣燉蔬菜 ················· 53
薑燒豬肉 ··················· 42
洋食店風味茄汁義大利麵 ······126
萵苣肉捲 ··················· 54

▶青江菜

蠔油炒牛肉青江菜 ··········· 80
中式涼拌青江菜與吻仔魚 ······109
蒜香青江菜與馬鈴薯 ········· 71

▶豆苗

酸桔醋蒸油豆腐與豆苗 ······· 54
乾拌擔擔麵 ················127

▶番茄、小番茄

超簡單平面歐姆蛋 ··········· 89
罐頭鯖魚咖哩 ··············· 57
西式燉牛肉 ················· 81
香辣燉蔬菜 ················· 53
小番茄夾起司 ··············· 74

▶長蔥

梅肉柴魚拌蘆筍 ············102
韓式茼蒿沙拉 ··············108
自家特製燒賣 ··············· 51
韓式辣炒起司雞 ············· 77
榨菜涼拌青椒 ··············104

▶茄子

牛肉蔬菜起司包 ············· 48
罐頭鯖魚咖哩 ··············· 57
千層櫛瓜與茄子 ············· 62
味噌煮茄子 ················· 47
香辣燉蔬菜 ················· 53

▶紅蘿蔔

金平風味綠蘆筍 ············103
梅花紅蘿蔔 ················· 74
花朵火腿蛋 ················· 45
牛蒡紅蘿蔔牛肉捲 ··········· 49
辛香料烤根莖蔬菜 ··········· 66
罐頭鯖魚炒蔬菜 ············· 87
鹽味馬鈴薯燉肉 ············· 47
柳葉魚南蠻漬 ··············· 85
韓式炒蒟蒻絲 ··············117
酥炸白肉魚天婦羅 ··········· 60
辛香料炒黃豆 ··············· 71
石鍋拌飯風味炊飯 ··········122
中式風味炊煮油飯 ··········122
中式涼拌紅蘿蔔竹輪 ········· 98
涼拌蘿蔔絲火腿 ············· 98
金平風味紅蘿蔔 ············· 58
辛香料涼拌紅蘿蔔 ··········· 99
涼拌紅蘿蔔鱈魚子 ··········· 99
酸桔醋山葵涼拌紅蘿蔔 ······· 99
金平風味青椒 ··············104

▶梅肉煮羊栖菜 / 其他

梅肉煮羊栖菜 ··············· 42
味噌風味韓式炒冬粉 ········· 65
燒肉牛蒡炒烏龍 ············127
蔬菜雞肉捲 ················· 35

▶香菜

泰式涼拌綠豆芽 ············110

▶甜椒

南洋風味四季豆沙拉 ·········100
香腸咖哩風味香料飯 ·········123
打拋雞肉炒蔬菜 ············· 53
甜椒炒肉絲 ················· 78
辣味美乃滋甜椒沙拉 ·········105
味噌鮪魚拌甜椒 ············105
醋漬雙色甜椒 ··············105

▶青椒

香腸咖哩風味香料飯 ·········123
花朵火腿蛋 ················· 45
咖哩風味韓式炒冬粉 ········· 43
骰子糖醋豬肉 ··············· 79
超快速回鍋肉 ··············· 44
罐頭鯖魚炒蔬菜 ············· 87
韓式炒蒟蒻絲 ··············117
酥炸白肉魚天婦羅 ··········· 60
清炒竹輪與馬鈴薯青椒 ······· 35
金平風味青椒 ··············104
榨菜涼拌青椒 ··············104
青椒鑲肉 ··················· 55
洋食店風味茄汁義大利麵 ······126

▶青花菜

雞蛋沙拉 ··················· 93
焗烤山藥杯 ················· 52
青花菜蟳味棒沙拉 ··········112
柴魚奶油乳酪拌青花菜 ······112
榨菜拌青花菜 ··············113
青花菜花束 ················· 74

食材分類索引

▶菠菜

石鍋拌飯風味炊飯 ······ 122

鰻魚菠菜沙拉 ······ 109

▶黃豆芽、綠豆芽

涼拌黃豆芽 ······ 110

芥末黃豆芽沙拉 ······ 111

柴漬拌綠豆芽 ······ 111

起司焗烤綠豆芽 ······ 39

香辣綠豆芽蒸蛋 ······ 65

泰式涼拌綠豆芽 ······ 110

柚子胡椒美乃滋拌綠豆芽 ······ 111

▶水菜

高湯浸煮水菜與豆皮 ······ 108

▶櫻桃蘿蔔

櫻桃蘿蔔手鞠球 ······ 74

▶萵苣

萵苣培根捲 ······ 83

萵苣肉捲 ······ 54

▶蓮藕

辛香料烤根莖蔬菜 ······ 66

明太子拌蓮藕 ······ 115

韓式辣椒醬拌蓮藕 ······ 115

西式風味蓮藕沙拉 ······ 115

Q軟烤蓮藕 ······ 48

蔬菜加工製品

▶調味榨菜

榨菜涼拌青椒 ······ 104

榨菜拌青花菜 ······ 113

▶柴漬

酥炸竹筴魚 ······ 84

柴漬拌綠豆芽 ······ 111

自家特製燒賣 ······ 51

▶醃漬芥菜

醃漬芥菜吻仔魚拌飯 ······ 124

▶水煮竹筍

醋味噌拌竹筍與海帶芽 ······ 137

甜椒炒肉絲 ······ 78

▶番茄汁

鮪魚玉米番茄飯 ······ 123

▶白菜泡菜

石鍋拌飯風味炊飯 ······ 122

▶紅薑

鹹甜風味肉捲飯糰 ······ 125

沙丁魚漢堡排 ······ 61

鬆軟豆腐雞肉丸子 ······ 90

鬆軟豆腐餅 ······ 69

▶玉米粒（罐頭）

油豆腐披薩 ······ 91

超簡單平面歐姆蛋 ······ 89

玉米天婦羅 ······ 69

鮪魚玉米番茄飯 ······ 123

涼拌蘿蔔絲火腿 ······ 98

西式風味炒豆腐 ······ 49

根莖類

▶地瓜

超簡單地瓜燒 ······ 132

芝麻炒地瓜 ······ 38

▶馬鈴薯

鮭魚馬鈴薯可樂餅 ······ 86

鹽味馬鈴薯燉肉 ······ 47

清炒竹輪與馬鈴薯青椒 ······ 35

蒜香青江菜與馬鈴薯 ······ 71

吮指回味炸薯條 ······ 60

▶山藥

焗烤山藥杯 ······ 52

奶油烤山藥 ······ 37

蕈菇類、菇類加工製品

▶金針菇

梅肉紫蘇拌金針菇 ······ 107

▶杏鮑菇

日式風味醋漬蕈菇 ······ 106

▶鴻喜菇

中式油豆腐煮鴻喜菇 ······ 70

蠔油炒蕈菇 ······ 36

味噌美乃滋拌菇菇 ······ 107

鮪魚玉米番茄飯 ······ 123

橡實香腸 ······ 73

▶新鮮香菇

油豆腐鑲肉 ······ 91

蠔油炒蕈菇 ······ 36

味噌美乃滋拌菇菇 ······ 107

日式風味醋漬蕈菇 ······ 106

味噌美乃滋烤香菇 ······ 55

韓式炒蒟蒻絲 ······ 117

辛香料炒黃豆 ······ 71

中式風味炊煮油飯 ······ 122

味噌烤豬肉 ······ 41

鬆軟豆腐餅 ······ 69

▶滑菇

涼拌高麗菜滑菇 ······ 97

▶舞菇

辛香料美乃滋拌舞菇鮪魚 ······ 107

▶蘑菇

西式燉牛肉 ······ 81

蘑菇核桃沙拉 ······ 106

海藻類、海藻加工製品

▶韓國海苔、烤海苔

口袋飯糰 ······ 125

瓦片蕎麥麵 ······ 126

韓式茼蒿沙拉 ······ 108

雞肉磯邊捲 ······ 82

明太子海苔高湯蛋捲 ············· 88

▶鹽昆布

鹽昆布拌四季豆 ··············· 101

蒸煮鮭魚高麗菜 ················ 58

▶羊栖菜（乾燥）

梅肉煮羊栖菜 ·················· 42

鬆軟豆腐餅 ···················· 69

西式風味蓮藕沙拉 ············· 115

▶海帶芽（乾燥）

醋味噌拌竹筍與海帶芽 ········ 137

果實類、
果實類加工製品

▶梅乾

梅肉柴魚拌蘆筍 ··············· 102

梅肉紫蘇拌金針菇 ············· 107

照燒美乃滋雞肉 ················ 76

梅肉煮羊栖菜 ·················· 42

梅肉紫蘇豬肉捲 ················ 79

▶橄欖

尼斯風味四季豆沙拉 ··········· 100

▶綜合水果（罐頭）

牛奶水果寒天凍 ··············· 130

▶蘋果

格子蘋果 ······················ 74

糖煮肉桂蘋果 ················· 133

▶葡萄乾

油醋拌紫甘藍 ·················· 97

堅果類

▶杏仁

涼拌杏仁四季豆 ··············· 101

▶核桃

蘑菇核桃沙拉 ················· 106

▶綜合堅果

超簡單堅果餅乾 ··············· 131

白飯

鹹甜風味肉捲飯糰 ············· 125

香腸咖哩風味香料飯 ··········· 123

開放式豆皮壽司 ··············· 137

口袋飯糰 ····················· 125

飯糰（玉米、紅紫蘇）········· 134

小熊造型飯 ···················· 92

鮭魚小松菜拌飯 ··············· 124

醃漬芥菜吻仔魚拌飯 ··········· 124

石鍋拌飯風味炊飯 ············· 122

中式風味炊煮油飯 ············· 122

鮪魚玉米番茄飯 ··············· 123

馬賽克拼貼飯 ·················· 94

其他

▶片狀巧克力

圓滾滾甜甜圈 ················· 133

穀麥巧克力棒 ················· 132

▶餅乾

OREO蒸麵包 ················· 130

▶穀麥片

穀麥巧克力棒 ················· 132

▶蒟蒻

鹹甜風味炒手撕蒟蒻 ··········· 44

▶燒賣皮

自家特製燒賣 ·················· 51

▶吐司

吐司鹹派 ······················ 66

鮭魚乳酪抹醬三明治 ··········· 128

分量滿滿的炸豬排三明治 ········ 93

▶蒟蒻絲

韓式炒蒟蒻絲 ················· 117

▶義大利麵

洋食店風味茄汁義大利麵 ······ 126

▶大亨堡麵包

炸竹輪大亨堡 ················· 129

▶長棍麵包

鯖魚三明治 ··················· 129

▶冬粉

咖哩風味韓式炒冬粉 ··········· 43

味噌風味韓式炒冬粉 ··········· 65

▶漢堡麵包

沙丁魚漢堡 ··················· 120

薑汁豬肉堡 ··················· 128

▶棉花糖

穀麥巧克力棒 ················· 132

超簡單堅果餅乾 ··············· 131

▶水煮烏龍麵

燒肉牛蒡炒烏龍 ··············· 127

▶水煮茶蕎麥麵

瓦片蕎麥麵 ··················· 126

▶水煮中式油麵

乾拌擔擔麵 ··················· 127

著者／大西綾美

料理家、營養師。現在負責經營設立於山口縣、東京都等地的小班制料理教室「Cherie cooking salon」。料理教室十分受歡迎，甚至有學員遠從日本各地前來上課。美味的料理、盛盤方式、省時祕訣等等，對初學者來說也很簡單，因此評價極高。著有《1小時做10道菜 超省時常備菜》（西東社出版，書名為暫譯）。

cherie_cooking_salon

日文版 staff

攝影／原ヒデトシ
造型／宮沢ゆか
插畫／田中チズコ
美術指導／大薮胤美（フレーズ）
設計／尾崎利佳（フレーズ）
料理助手／吉村佳奈子
　　　　　風間幸代
　　　　　増田陽子
　　　　　能登夕姫乃
　　　　　佐野雪江
　　　　　倉本泉
企劃・編輯／園田聖絵

攝影協力／Panasonic 株式會社

1JIKAN DE 10 PIN CHO JITAN TSUKURIOKI BENTO by Ayami Onishi
Copyright © 2021 Ayami Onishi
All rights reserved.
Original Japanese edition published by SEITO-SHA Co., Ltd., Tokyo.

This Traditional Chinese language edition is published by arrangement with
SEITO-SHA Co., Ltd., Tokyo in care of Tuttle-Mori Agency, Inc.

日日便當好食光

168道美味菜色提案，一人食也能吃出儀式感！

2021年10月1日初版第一刷發行

著　　者	大西綾美
譯　　者	黃嫣容
副 主 編	陳正芳
特約美編	鄭佳容
發 行 人	南部裕
發 行 所	台灣東販股份有限公司
	＜地址＞台北市南京東路4段130號2F-1
	＜電話＞(02)2577-8878
	＜傳真＞(02)2577-8896
	＜網址＞http://www.tohan.com.tw
郵撥帳號	1405049-4
法律顧問	蕭雄淋律師
總 經 銷	聯合發行股份有限公司
	＜電話＞(02)2917-8022

國家圖書館出版品預行編目資料

日日便當好食光：168道美味菜色提案，一人食也
能吃出儀式感！／大西綾美著；黃嫣容譯. -- 初
版. -- 臺北市：臺灣東販股份有限公司, 2021.10
144面；18.2×24.5公分
ISBN 978-626-304-848-5（平裝）

1.食譜

427.17　　　　　　　　　　　　　110014326

TOHAN